JN206697

圧電材料の基礎と応用

原理・構造・デバイス

成田　史生・川上　祥広
共著

内田老鶴圃

序　文

圧電材料は，組成や微細組織を調整することで特性が大きく変わり，振動子やセンサ，アクチュエータなどのデバイスとして幅広い分野で使用されている．

圧電材料とデバイスに関する技術分野では，本書でも一部紹介するように歴史的に日本の研究者や技術者が発展に大きく貢献し，日本企業の製品が長年世界市場のトップシェアを占めている．今後も日本の技術者の果たす役割が大きい分野である．

本書は，以上の点に鑑み，初学者向けに以下の方針でまとめられている．

①代表的な圧電セラミックスの特性は，圧電縦効果，圧電横効果，圧電せん断効果の圧電定数 d_{33}, d_{31}, d_{15} に集約されることを理解する．

②圧電 d 定数の求め方を理解する．

③圧電 d 定数による製品設計の基本的な考え方を理解する．

④圧電共振現象を理解する(機械的品質係数 Q_{m} の意味)．

⑤圧電デバイスの設計で「積層化」する意味を理解する．

⑥「材料力学」と「圧電効果」を組み合わせたデバイス設計方法を理解する(基板材と圧電体を複合化させたデバイスの曲げ変形による設計方法)．

⑦圧電材料とデバイスの技術史を通じて圧電製品について理解を深める．

また，本文の途中に例題を配し，理解を一層深められるよう解答を掲載した．さらに，コラムを載せて，種々の製品における圧電素子の役割や技術者の圧電デバイス開発にまつわるエピソードを紹介して，圧電材料の勉学に興味をもって取り組めるよう工夫した．

著者の一人(川上)が圧電セラミックスと関わり始めた約30年前，圧電デバイスは主に通信用フィルタやトランスデューサ(水中音響や超音波洗浄機，医療用超音波画像診断など)の分野で使用されていた．また当時，ノートパソコンや携帯電話などの新市場向けに圧電素子の新製品開発が活発に行われ，著者はインクジェット用圧電アクチュエータや液晶モニタ用圧電トランスなどのプロセス開発と製品化，携帯電話用圧電アクチュエータの材料開発などを経験し，本書では，それらの圧電材料や製品を紹介している．

時を経て，2024 年(令和 6 年)の現在，圧電デバイスは更なる新技術(圧電 MEMS：Microelectromechanical Systems や織物が可能な有機系圧電材料など)により新しい時代を迎えている．

なお，圧電デバイスの設計技術については吉田哲男博士，田村光男氏に大変お世話になっている．ここに記して感謝の意を捧げる．また，執筆にあたっては，多くの優れた書物や学術論文を参考にさせていただいた．それらの各著者にも深い謝意を表する．さらに，多くの助言をくれた茨城大学講師の森孝太郎博士，東北大学助教の王真金博士と大学院生の丸山衡平氏に心から感謝したい．最後に，本書の編集，出版にあたり，長期間にわたって支援をいただいた内田老鶴圃 内田学社長に厚くお礼を申し上げる．

2024 年 11 月

著　者

本書の構成

第 1 章では，圧電材料とデバイスが身近な電子機器で使用されていることを紹介し，圧電材料の原点ともいえる水晶とそのデバイス応用について解説する．

引き続き，第 2 章では，圧電性の起源に関係する結晶構造と電気的双極子である分極について概略を述べる．

第 3 章では力学と電気の相互作用について，第 4 章では圧電振動について概説する．続く第 5 章では，各種圧電材料について紹介する．

第 6 章以降では，応用として圧電積層構造とセンサ(sensor)，アクチュエータ(actuator)，エネルギーハーベスタ(energy harvester)の性能設計について解説する．

具体的な圧電製品事例はコラムなどで紹介する．

なお，本書の圧電セラミックスの製品情報は，主に株式会社トーキンのもので，掲載の許可をいただいている．

目　次

第1章
圧電材料の発見と応用の歴史

1

1.1 身近なところで使用されている圧電材料とデバイス

圧電材料(piezoelectric material)は，その名称が示す通り圧力を加えると**電荷**(charge)を生じる物質で，**圧電体**(piezoelectrics)ともいう．圧電体は，機械的エネルギーと電気的エネルギーを結合させる機能をもった固体であり，衝撃などで力を加えると表面に電荷が生成される．逆に，周期的な**電圧**(voltage)を加えると機械的に振動する．これらの現象は，先人たちの科学的探求心と努力により解明され，応用分野の開拓が進み，現代文明を支える技術となっている．

圧電材料の特徴をいくつか取りあげると，

- 圧電体と**電極**(electrode)からなる単純な素子構造である(小型化)
- 固体の**変形**(deformation)を電気的に制御できる(精密制御)
- 固体の変形を直接接触させて利用できる(大発生力，微小変位)
- 形状で決まる機械的**共振**(resonance)現象を電気的に利用できる(**周波数**(frequency)選択)

などがある．

以上の予備知識をもとに，現在誰もがその恩恵を受けている身近な電子機器の1つである携帯電話・スマートフォン(スマホ)に着目し，圧電材料・デバイスがどのように使用されているのか，知ることから始めてみたい．

図1.1は液晶画面の広いスマートフォンである．スマホの画面やデータ通信，動画撮影など日常で使用するシーンを思い描いて，それらの機能に圧電材料とデバイスがどのように寄与しているのか想像してみよう．

まず，年々高機能化が進むスマホのカメラでは，撮りたい映像の焦点合わせと手ぶれ補正を自動で行うオートフォーカスや手ぶれの検知に，圧電アクチュエータや圧電ジャイロが使用されている．スマホのタッチ操作では，押し込み量を検知するセンサに，透明でフレキシブルな特性をもった圧電性有機フィルムが使用される．音響デバ

図1.1　スマートフォンの機能と圧電デバイス

イスでは，液晶画面の面積を極限まで最大化させて画面から音を直接出すことができるパネルスピーカ技術に，薄型で高発生力が得られる圧電アクチュエータが使用される．ワイヤレスで音楽などを高音質で聴くハイレゾイヤホン，耳の孔をふさがずに軟骨を振動させて音を聴く骨伝導スピーカにも圧電アクチュエータが使用されている．さらに，情報通信分野では，通話や通信データ量の増加に伴う高周波化に対応し，通信周波数の選択と広帯域化を実現するフィルタとして圧電**セラミックス**(ceramics)，圧電**単結晶**(single crystal)，圧電**薄膜**(thin film)の共振を利用したデバイスが使用されている．正確に時を刻み，電子回路のタイミング，基準時間を指揮する役目の発振子には，圧電材料の元祖である**水晶**(quartz)が技術革新とともに小型・高性能化され使用されている．

以上，現代の最先端技術の粋を盛り込んだスマホ1つを取ってみても，圧電材料はなくてはならない存在となっている．次に，このような圧電材料がどのように発見され，応用されてきたのか，初期の歴史的経緯を振り返る．

1.2　圧電現象の発見と圧電材料

地球上には多くの鉱物が存在するが，その中でもトルマリンは加熱すると電荷を帯びるという性質をもっている．

1824年，D. Brewster[1]は，ロッシェル塩と呼ばれる酒石酸カリウムナトリウムに

図 1.2　Curie 兄弟と圧電結晶である水晶

対してこの現象を確認し，焦電気と命名した．1880 年には，P. Curie と J. Curie[2]が温度変化によって生じる**電位**(electric potential)と変形との間に相関関係があると考え，トルマリン，ロッシェル塩，水晶，サトウキビ糖などを対象に実験を行って，これらの物質に圧縮力を与えると変形によって電圧が発生することを発見した．後に Curie 兄弟として名を馳せる(**図 1.2**(上))．翌年，W. Hankel はこの現象を**圧電性**(piezoelectricity)と命名した．piezo はギリシア語で圧力を意味する．また，G. Lippman[3]は結晶に電圧を加えると変形するという逆の現象を予測し，その予測は Curie 兄弟によって実証された[4]．

圧電材料の中でも水晶(図 1.2(下))は，シリコン(Si)と酸素(O)の 2 つの元素から構成され，単純な化学組成 SiO_2 と結晶構造からなる点が特徴で，温度変化に対する特性の安定性が優れている．それに加え，人工合成技術の進展により，高純度で欠陥のほとんどない結晶が生産され，現代の最先端技術を支えている．

【コラム 1.1】　水晶は「産業の塩」

圧電現象の発見と応用の先駆けとなった水晶は，その発見当時から現在に至るまで，我々の生活にとって欠かせない素材となっています．現代のデータサイエンスや人工知能などの情報処理を行う「半導体」のことを，我々の主食である米にたとえ「産業の米」と呼んでいますが，半導体の計算やデータ処理の基準となるタイミングをコントロールするのが正確な振動周期を刻む水晶です．

日本水晶デバイス工業会(QIAJ)では，水晶のことを以下のように紹介しています[5]．

「水の精」から「産業の塩」

水晶は，昔から「水の精」といわれその透明性・硬さなどから尊重され，その神秘性から魔法の玉などとして用いられてきました．現在でも研磨して，婦人のネックレスや指輪として貴重視されています．

このような水晶が形を変え我々の身の周りに水晶製品として，多く使われています．そして貴重な天然水晶に代え，人工水晶より作られた水晶デバイスとして世に送り出されて，産業の米といわれる半導体とともになくてはならない存在となり，「産業の塩」と呼ばれています．

現在では，我々の生活時間を示す手段として，電波通信により定期的に同期を取る電波時計やスマホなどが使用されていますが，水晶は生活温度範囲(−10〜60℃)で固有振動数(1.3.1 項参照)が ±5 ppm(百万分の 1)でしか変化しないという安定性を示します．つまり，クォーツ(水晶)時計で使用される共振周波数 32,768 Hz に対し，±0.16 Hz しか変化しないので，安定して正確な 1 秒を刻むことができるというわけです．このような水晶の温度に対する安定性は水晶を切り出す角度に依存し，その切り出し角度は日本人によって発見されました．

1932年，東京工業大学の古賀逸策先生は水晶の切り出す角度を変えた試料を理論解析を行いながら作製し，温度変化に対して共振周波数が安定な「R1カット式水晶振動子(通称ATカット)」を発明しました．また，古賀先生は周波数を整数分の1に下げる分周回路も1926年に発明しており，水晶の共振周波数から正確な1秒の周期を取り出す技術を開発し，クォーツ時計の実用化に貢献しています[5,6]．

「クォーツ時計」

最も身近で利用されているのがクォーツ時計です．昔は機械式時計でしたが，クォーツ時計は300倍以上の高精度を得ています．これは水晶振動子とICの発明の賜物であり，水晶振動子の代表的な周波数として32.768 kHzがあります．この32,768 HzをICにより1/2に分周し続けると，時計の基準の1秒1パルス(1 Hz)ができてきます．その1パルスが秒針を1秒進めることになります．

【参考資料】 日本水晶デバイス工業会[5]，「第4回 でんきの礎」，電気学会[6]より．

圧力を加えると電荷が発生する現象を**正圧電効果**(direct piezoelectric effect)あるいは単に圧電効果という．一方，電場を加えるとひずむ現象は**逆圧電効果**(converse piezoelectric effect)と呼ばれている．

1.3 圧電材料のデバイス応用

1.3.1 水中音響デバイスへの応用

圧電現象の解明を背景に，その応用を加速する事件が発生する．1912年に豪華客船タイタニック号が氷山に衝突して沈没したのである．約2,200人のうち1,500人以上の生命が失われ，海中の障害物を探知する技術へのニーズが高まった．1914年には，第一次世界大戦が勃発してドイツの潜水艦が猛威を奮ったため，潜水艦探知に真剣に取り組まざるを得ない状況になり，水中超音波技術の開発が進められた．1917年P. Langevin（以下，本書ではランジュバンと呼ぶ）が鉄板にモザイク状に水晶を挟んだサンドイッチ型構造の変換器（**トランスデューサ**（transducer））と反射波を探知する水中聴音器（**ハイドロホン**（hydrophone））からなる圧電超音波探知機（**超音波ソナー**（sonar）：sound navigation and ranging）を発明した．1918年には，100 kHzの超音波をビーム状に照射することで，約1,500 m先の潜水艦の探知に成功する[7]．

ランジュバンの発明については，圧電材料を応用する考え方として参考になる事例であるので，詳しく解説する[8]．

水晶を水中音響に応用する実験当初，水晶に10,000 V，40 kHzの**交流**（alternating current（AC））電圧を印加したところ，0.02 μmの伸縮，0.07気圧の音圧しか得られず，水中探査には絶望的な結果であった．ここで，ランジュバンは共振現象の利用を

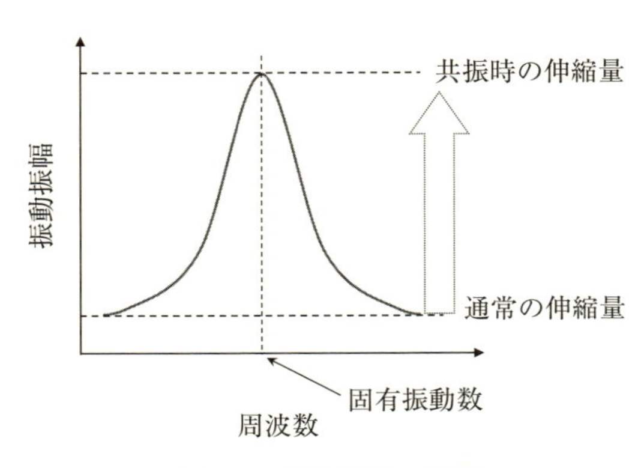

図1.3　共振振動の振幅

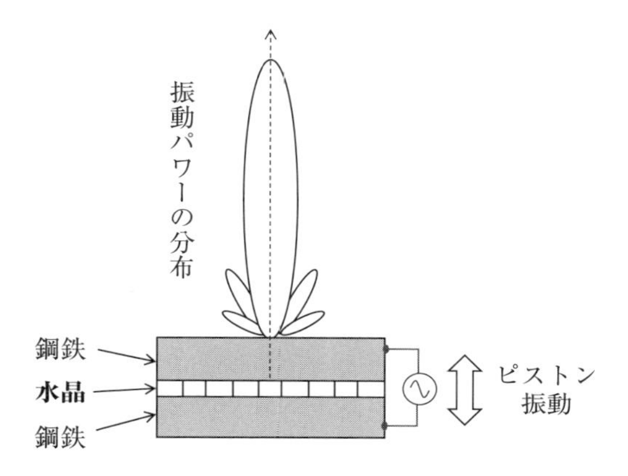

図 1.4　ランジュバン型振動子の断面構成と超音波の指向性

考えつく．共振現象とは，固体を**自由振動**(free vibration)させた状態で外部から衝撃を加えたときに，特定の周波数すなわち固体の**固有振動数**(natural frequency)で自由振動が継続する現象である．この現象を応用した結果，**図 1.3** に示すように，共振状態では，同じ駆動条件であるにもかかわらず，伸縮量は容易に 1 万倍の 0.2 mm 以上に達し，音圧も約 5 倍向上した．

次の課題は，水晶の形状であった．水晶を共振させて水中に超音波を照射するには，厚さ 6 cm 以上の大きさの水晶が必要となる．このような厚い板を天然水晶から切り出すのは難しく，費用の面でも実現が困難な状況に直面する．

水晶単体で共振させるには大型の結晶が必要となるが，ランジュバンはここでも解決策を考案し，水晶と他の材料とを組み合わせて複合体として共振させる技術を開発した．すなわち，振動源の水晶を厚い鋼鉄板で挟み込み，この複合構造で水中に超音波を照射できるように**共振周波数**(resonant frequency)を設計したのである．しかも，鋼鉄板は電極も兼ねており，機能的にも費用的にも実用に適した構造である．この構造は，ランジュバン型と呼ばれ，現在でも多くの分野で使用されている．**図 1.4** にランジュバン型振動子と超音波の指向性の模式図を示す．

【コラム 1.2】 ワインは兵器

1.3.1 項で紹介した水中音響の応用で超音波を照射して探査を行うアクティブソナーとは逆に，水中で潜水艦の出す可聴音を検出して探査を行うパッシブソナーには，1921 年に世界で初めて強誘電性(第 2 章参照)が発見されたロッシェル塩が使用されていました[9]．ぶどう酒から取れる「ロッシェル塩」は圧電現象を示し，人工的にも生産できることから，これが潜水艦や魚雷の発する音波をキャッチする水中聴音機の素材として，急速に需要が高まりました[10]．「ぶどう酒物語」(山梨日日新聞社，1978 年)には“ブドウは兵器だ”という章があります．

戦後はマイクロホン，レシーバとして使用され，「ロッシェル塩がこんなに儲かるものだとは，今まで知らなかった」[9]と物理学者に言われるほどしばらく一世を風靡しました．しかし，潮解性に加え風解性があり信頼性にも課題があったため，後に発明される圧電セラミックスの出現とともに実用製品としての表舞台から姿を消していきます．

【参考資料】 丸竹正一[9]，国税庁 HP[10]より．

1.3.2 通信分野への応用

水晶に興味を持った W. G. Cady[11]は，1921 年に水晶振動子を用いて周波数を制御する回路を設計し，多くの応用を考えて，1946 年には教科書にまとめている[12]．信号を電波に乗せて通信する搬送波を利用した通信分野では，1923 年，G. W. Piece によって水晶の圧電性による共振振動を利用した発振子が発明され，1933 年には，W. P. Mason[13]によって信号の周波数帯域を選択するフィルタが発明，実用化されている．この Mason が考案した等価回路は，圧電デバイスの設計に有用であるため，今でも使用されている．

【コラム 1.3】 第二次世界大戦当時の日本の水中音響技術

水晶による水中音響技術が海外で開発されているころの日本はどのような状況だったのでしょう．

日本では大きな水晶の入手が困難であったこともあり，圧電材料ではなく，磁場で伸縮する磁歪材料を水中音響に利用した技術が開発されています．日本の技術開発の歴史とともに，類似技術との比較は参考となりますので紹介します．

第二次世界大戦当時，磁歪材料として金属のニッケル(Ni)が使用されていました．戦争の影響で水晶だけでなくNiも入手が困難な状況となることが予想され，それに代わる磁歪材料が必要な状況でした．

そこで当時の磁性物理・材料研究の大家である本多光太郎先生の指導のもと，東北大学金属材料研究所の増本量先生による新しい磁歪材料の探索研究が行われました[14]．

増本 量 先生
(増本 博 教授 寄贈)

本多 光太郎 先生
(東北大学史料館所蔵)

図1 水中音響用磁歪材料を発明した増本量先生と本多光太郎先生

その結果，Niが全く不要で，安価な原料を使用して磁歪の特性が変わらないFe-Al合金(アルフェル)が発明されています．その特性を**図2**に示します．

そのおかげで戦争中も日本では磁歪材料に困ることがなく，後に日本で発明される圧電材料とともに，戦後も魚群探知機として使用され，食糧不足解消に貢献することになります．

圧電材料と磁歪材料のどちらも研究開発が重要であることを示す歴史的事例です．

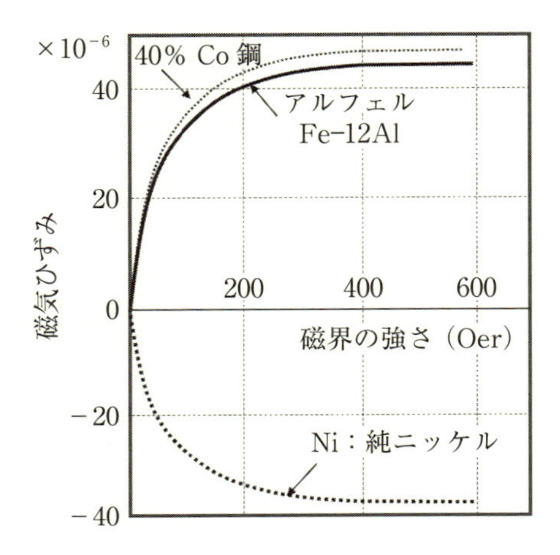

図 2　Fe-Al 合金(アルフェル)の磁歪特性[15]

【参考資料】　青柳健次[14]，菊池喜充[15]より．

〈例題 1.1〉

（a）スマートフォンではどのように圧電デバイスが使用されているか考えよ．

（b）クォーツ時計で水晶は発振子として共振周波数 32,768 Hz で振動している．32,768 Hz の理由を考えよ(ヒント：$32{,}768=2^{15}$)．

〈解答〉

（a）1.1 節で紹介した圧電製品は，本書のコラムで紹介していく．

（b）1 秒を正確に測るため(コラム 1.1 参照)．

AT カットされた水晶の共振周波数は，外部の温度が 1℃ 変化しても百万分の 1 Hz 程度しか変化しないという特徴がある．その共振周波数が温度に対して変化しにくいことを利用し，分周回路で 32,768 Hz を 2 で割っていく．それを 15 回繰り返すと正確な 1 Hz となり，正確な 1 秒を得ることができる．

【参考文献】

[1] D. Brewster, Observations on the pyroelectricity of minerals, Edinburgh J. Sci. **1**(1824)208-215.

[2] J. Curie and P. Curie, Development, via compression, of electric polarization in hemihedral crystals with inclined faces, Bull. Soc. Minerol. Fr. **3**(1880)90-93.

[3] G. Lippman, Principal of the conservation of electricity, Ann. Chem. Phys. **24**(1881)145.

[4] J. Curie and P. Curie, Contractions and expansions produced by voltages in hemihedral crystals with inclined faces, Comp. Ren. **93**(1881)1137-1140.

[5] 日本水晶デバイス工業会,「水晶デバイスとは」, https://www.qiaj.jp/pages/frame20/page01.html

[6] 「古賀逸策と水晶振動子」, 電気学会「第4回 でんきの礎」, https://www.iee.jp/foundation/list04/

[7] 防衛技術ジャーナル編集部編,「海上防衛技術のすべて」, 2007, 防衛技術協会, pp. 108-110.

[8] 川端昭編,「やさしい超音波工学」, 1998, 工業調査会, pp. 33-37.

[9] 丸竹正一, ロッシェル塩からPZTへ,「驚異のチタバリ」, 村田製作所編, 1990, 丸善, pp. 118-120.

[10] 「戦時中のワイン造りの奨励」,「税の歴史クイズ」, 国税庁HP.

[11] W. G. Cady, The piezoelectric resonator, Phys. Rev. A **17**(1921)531-533.

[12] W. G. Cady, "Piezoelectricity," 1946, McGraw-Hill, New York and London.

[13] W. P. Mason, "Crystal Physics of Interaction Processes," 1966, Academic Press.

[14] 青柳健次,「超音波研究につき思い出すことども」, 1980, 生産と技術.

[15] 菊池喜充,「磁歪振動と超音波」, 1952, コロナ社, p. 26.

第2章 圧電体の微視構造

2

本章では，圧電体の微視構造について解説する．また，圧電体の電気力学的挙動を微視的観点と巨視的観点から考える．

2.1 結晶系

すべての固体は原子配列によって分類される．原子配列の繰返しの基本となる最小の単位ユニットは**単位胞**(unit cell)と呼ばれ，単位胞は3つの並進ベクトル $\boldsymbol{a}$，$\boldsymbol{b}$，$\boldsymbol{c}$ で表される．$\boldsymbol{a}$，$\boldsymbol{b}$，$\boldsymbol{c}$ の各々の長さ a，b，c とそれらの間の角度 α，β，γ は**格子定数**(lattice constant)と呼ばれ，単位胞の形状を格子定数によって分類すると，**表 2.1** のように7つに分けられる[1]．これを**結晶系**(crystal system)という．

一般に，結晶の単位胞は**図 2.1**(a)に示すように中心対称であり，そのような結晶は，引張りや圧縮などの力を受けても正の電荷と負の電荷がつり合い，互いの電荷を打ち消し合って電気的に中性である．通常，図 2.1(b)の左に示すような中心対称性がない結晶も電気的に中性である．しかしながら，結晶を引張ったり圧縮したりすると，図 2.1(b)の中央および右に示すように，原子同士が近づいたり離れたりする．これにより，電荷のつり合いが崩れ，単位胞に正負の電荷が生じる．

表 2.1 の左の列に7つの結晶系(**立方晶**(cubic)，**六方晶**(hexagonal)，**正方晶**(tetragonal)，**三方晶**(trigonal)あるいは**菱面体晶**(rhombohedral)，**斜方晶**(orthorhombic)，**単斜晶**(monoclinic)，**三斜晶**(triclinic))を示している．結晶系が異なれば，結晶の回転対称性を分類する結晶族も異なる．結晶族は32種類あり，そのうち非中心対称性を示すものは21種類存在する．また，そのうちの20種類の結晶族は，図 2.1(b)のように力によって電荷を生じ，これらは極性の有無でさらに分類される．表 2.1 に示す32種類の結晶族に使用される記号は，国際結晶学連合が推奨するもので，Herman-Mauguin 記号(例：$m3m$)と呼ばれる．

表 2.1　7つの異なる結晶系

単位胞と格子定数	11 中心対称性	21 非中心対称性					
	12 非圧電圧		20 圧電性				
			10 非焦電性		10 焦電性		
	22 非極性				10 極性		
	(0, 0, 0)				$(0,0,P_3)$	$(P_1,P_2,0)$	(P_1,P_2,P_3)
立方晶 $a=b=c$ $\alpha=\beta=\gamma=90°$	$m3m=O_{\mathrm{h}}$	$432=O$		$\bar{4}3m=T_{\mathrm{d}}$			
	$m3=T_{\mathrm{h}}$		$23=T$				
六方晶 $a=b\neq c$ $\alpha=\beta=90°, \gamma=120°$	$6/mmm=D_{6\mathrm{h}}$		$622=D_6$	$\bar{6}m2=D_{3\mathrm{h}}$	$6mm=C_{6\mathrm{v}}$		
	$6/m=C_{6\mathrm{h}}$		$\bar{6}=C_{3\mathrm{h}}$		$6=C_6$		
正方晶 $a=b\neq c$ $\alpha=\beta=\gamma=90°$	$4/mmm=D_{4\mathrm{h}}$		$422=D_4$	$\bar{4}2m=D_{2\mathrm{d}}$	$4mm=C_{4\mathrm{v}}$		
	$4/m=C_{4\mathrm{h}}$		$\bar{4}=S_4$		$4=C_4$		
三方(菱面体)晶 $a=b=c$ $\alpha=\beta=\gamma\neq 90°$	$\bar{3}m=D_{3\mathrm{d}}$		$32=D_3$		$3m=C_{3\mathrm{v}}$		
	$\bar{3}=C_{3\mathrm{i}}$				$3=C_3$		
斜方晶 $a\neq b\neq c$ $\alpha=\beta=\gamma=90°$	$mmm=D_{2\mathrm{h}}$		$222=D_2$		$mm2=C_{2\mathrm{v}}$		
単斜晶 $a\neq b\neq c$ $\alpha=\gamma=90°\neq\beta$	$2/m=C_{2\mathrm{h}}$				$2=C_2$	$m=C_{\mathrm{s}}$	
三斜晶 $a\neq b\neq c$ $\alpha\neq\beta\neq\gamma\neq 90°$	$\bar{1}=C_{\mathrm{i}}$						$1=C_1$

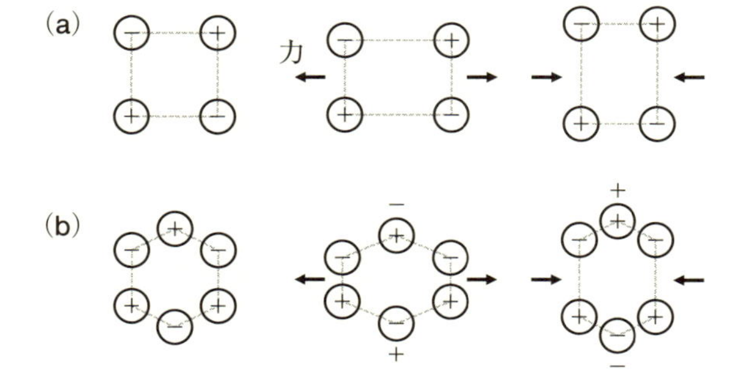

図 2.1　(a)中心対称と(b)非中心対称の結晶

2.2 強誘電体

固体を電気抵抗率で分類すると，**導体**(conductor)，**半導体**(semiconductor)，**誘電体**(dielectrics)に大別することができる．導体と半導体は，内部に**自由電子**(free electron)をもっており，**電流**(current)を通すことができる．

一方，誘電体は，自由電子をもたず，**電気抵抗率**(electrical resistivity)が高い物質であり，**絶縁体**(insulator)とも呼ばれる．誘電体と絶縁体は用途で区別され，電荷の貯蔵を主機能とするものを誘電体，絶縁を主機能とするものを絶縁体という．誘電体に外部から**電場**(electric field)を与えると，内部に**双極子モーメント**(dipole moment)が誘起され，**分極**(polarization)が現れる．

外部から物体に作用する力を**外力**(external force)という．工学的には，外力のことを**荷重**(load)という．

誘電体の中には，図2.1(b)に示したように電場のほかに外力によって分極する物質があり，これが圧電体である．また，このような性質は圧電性と呼ばれる．

表2.1に示したように，20種類の結晶族が圧電性を示す．そのなかで，電場が作用しない状態で**自発分極**(spontaneous polarization)をもつ物質があり，これを**焦電体**(pyroelectrics)という．また，この性質は**焦電性**(pyroelectricity)と呼ばれる．この分極は，結晶構造などによって永久に発生する双極子モーメントに由来するもので，加熱や冷却によって変化する．表2.1中のP_iは，分極ベクトル$\boldsymbol{P}$の成分である．

焦電体の中に，外部から電場を負荷することにより自発分極が反転する物質があり，これを**強誘電体**(ferroelectrics)と呼ぶ．強誘電体はすべて焦電体であり，焦電体はすべて圧電体である．

一方，すべての圧電体が焦電体，すべての焦電体が強誘電体であるとは限らず，その関係は**図2.2**のように示される．

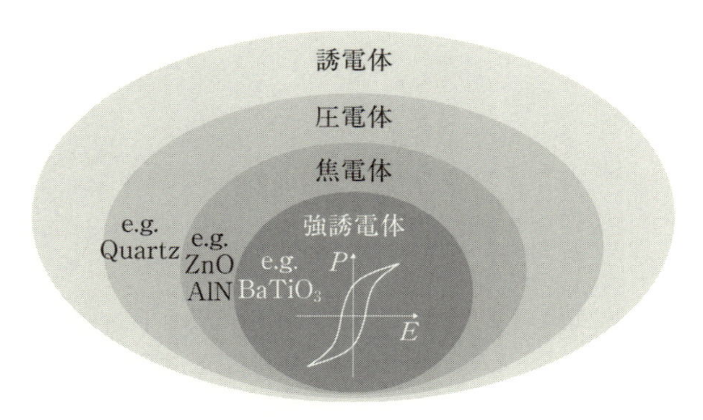

図 2.2　誘電体の分類

2.3　分極

2.3.1　双極子と分域

正の電荷(陽子)と負の電荷(電子)がある距離を隔てて存在するとき，その全体的な極性を表す尺度が双極子モーメント$\boldsymbol{\mu}$である(2.2節参照)．大きさ $+Q_p$ の電荷と大きさ $-Q_p$ の電荷が距離 $\boldsymbol{d}$ だけ離れて存在する場合，双極子モーメントは $\boldsymbol{\mu}=Q_p\boldsymbol{d}$ で与えられる．ここで，$\boldsymbol{\mu}$と $\boldsymbol{d}$ は負の電荷から正の電荷に向かうベクトルで，双極子モーメントの単位はクーロン・メートル(Cm)となる．双極子モーメントにより，誘電体に分極が生じるので，$\pm Q_p$ を**分極電荷**(polarization charge)と呼ぶ．

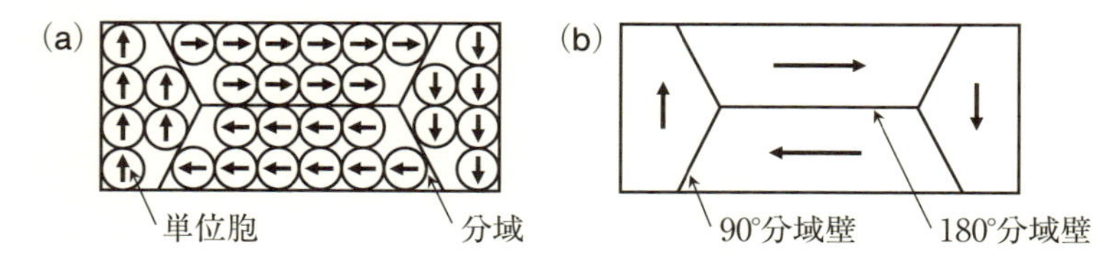

図 2.3　分域と分域壁

圧電結晶の単位胞を**双極子**(dipole)とみなすと，圧電体は**図 2.3**(a)に示すように双極子の集合体である．図2.3(a)に示す円は双極子を表し，矢印は双極子の方向を示している．圧電体には，同じ方向の双極子モーメントをもつ領域が存在し，この領域を**分域**(domain)あるいは**ドメイン**と呼ぶ．また，分域と分域の境界は**分域壁**(domain wall)と呼ばれる．図 2.3(b)のように，分極の方向が 180° 異なる領域間の界面は 180° 分域壁，分極の方向が 90° 異なる領域間の界面は 90° 分域壁と呼ばれる．

2.3.2 分極電荷と自由電荷

図 2.4(a)に示すように，誘電体の上下両面に電極を付け，電極間距離を d とする．誘電体に作用する電場を E_0 とおくと，電圧を与えていない場合，$E_0=0$ である．図 2.4(b)のように，電圧 V_0 を印加すると，上向きを正とすれば，誘電体に作用する電場の大きさは $E_0=-(-V_0/d)=V_0/d$ となる．このとき，正電荷は電場の方向に，負電荷はその反対方向に引き寄せられ，その結果，誘電体には双極子が発生して，分極が生じる(2.3.1 項参照)．分極 $\boldsymbol{P}$ は単位体積当たりの双極子モーメント $\boldsymbol{\mu}$ として定義され，単位は C/m^2 となる．一方，誘電体表面には，分極電荷 $+Q_p$ と $-Q_p$ が存在し，電極に蓄積された**全電荷**(total charge)Q は

$$Q=Q_f+Q_p \tag{2.1}$$

となる．ここで，Q_f は**自由電荷**(free charge)である．

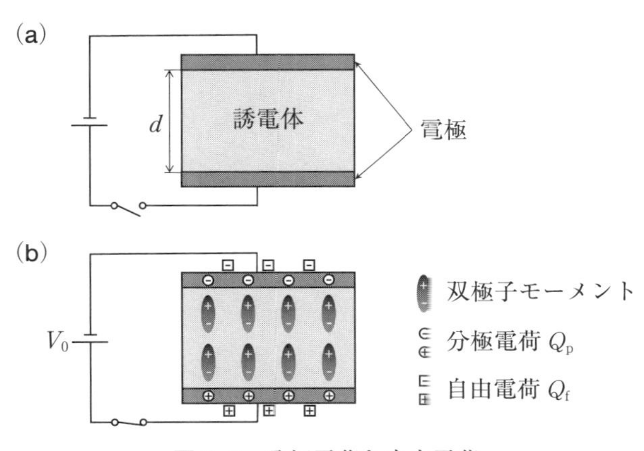

図 2.4　分極電荷と自由電荷

2.3.3 分極と電場

強誘電体の分極ベクトル $\boldsymbol{P}$ は負荷される電場ベクトル $\boldsymbol{E}$ に応じて変化する．**図**

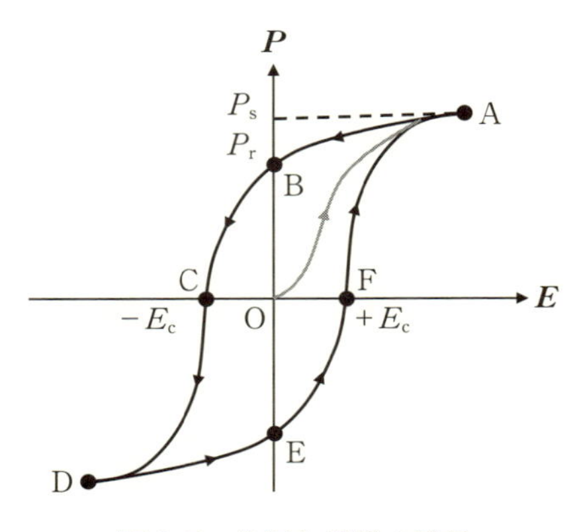

図 2.5　分極と電場の関係

2.5 は強誘電体の典型的な分極 $\boldsymbol{P}$ と電場 $\boldsymbol{E}$ との関係を示したものである．いま，分極していない強誘電体を考える．外部から作用する電場 $\boldsymbol{E}$ が点 O から増加すると，分極は大きく増加し，点 A で飽和に達する．点 A 近傍の直線部分を縦軸（分極軸）に外挿すると切片 P_s が得られ，これが自発分極（または飽和分極）である．その後，電場を 0 まで減少させると，点 B で強誘電体には分極 P_r が残る．これを**残留分極**（remanent polarization）という．逆方向の電場（負の電場）を点 C まで増加させると，分極は全て消滅し，このときの電場の強さを**抗電場**（coercive electric field）E_c と呼ぶ．負の電場が $-E_c$ を超えると，分極が回転し始め，最終的に点 D で飽和に達する．次に，電場を点 E まで減少させ，再び正の方向に増加させると，点 F を経由して点 A で分極は飽和する．この周期（O→A→B→C→D→E→F→A）を強誘電体の**ヒステリシスループ**（hysteresis loop）と呼んでいる．原点における OA の傾きは**誘電率**（permittivity）と呼ばれる．分極は非線形性を示すため，強誘電体の誘電率は電場に依存する．したがって，誘電率を測定する場合，外部の電場を小さくする必要がある．

2.3.4　相転移とキュリー温度

一般に結晶構造は温度などによって変化し，この現象は**相転移**（phase transition）と呼ばれる．強誘電体の特性は結晶構造に依存するので，相転移によって強誘電性が失われる場合がある．強誘電体が相転移を起こす臨界温度は，**キュリー温度**（Curie temperature）または**キュリー点**（Curie point）と呼ばれ，一般に T_c で表される．T_c

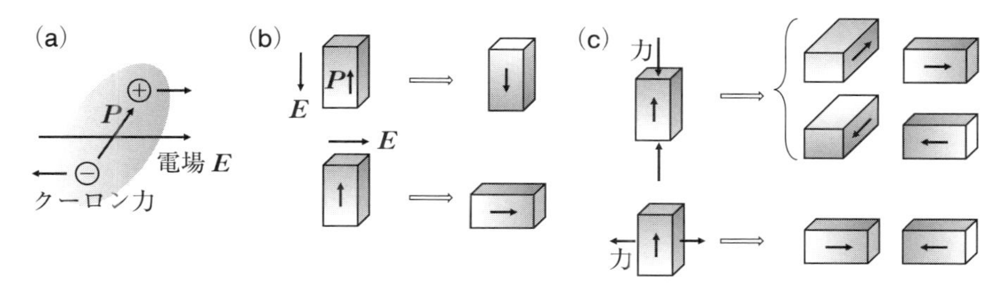

図 2.6 クーロン力と分極回転

以上の温度では，**常誘電**(paraelectric)**相**と呼ばれる非強誘電相が存在する．温度を T_c 以下に減少させると，常誘電体は，非強誘電状態から強誘電状態に相転移し，強誘電体となる．

多くの強誘電性結晶は，キュリー温度 T_c 以上で表 2.1 に示した立方晶系($a=c$)であり，自発分極をもたない．温度をキュリー点 T_c 以下に減少させると，格子定数 c が増加(a と b は減少)し，立方晶相は正方晶相($a \neq c$)に相転移して，自発分極 P_s が現れる．

2.3.5 分極回転

図 2.6(a)は，電場によって誘起される圧電結晶の分極を示している．電場 $\boldsymbol{E}$ 中に置かれた双極子にはクーロン力が生じ，双極子はトルクを受けて $\boldsymbol{E}$ の方向に回転する．図 2.6(b)は，電場によって誘起される圧電結晶の**分極回転**(polarization switching)の様子を示したものである．負荷される電場が十分に大きいと，クーロン力により分極が回転し始め，新しい分極が電場の方向に形成される．180° と 90° の両方の分極回転が電場によって起こり得る．分極の方向に平行または垂直に大きな外力を加えると，図 2.6(c)のように，分極が 90° 回転する．外力では，180° の分極回転は起こらない．

2.4 結晶体

強誘電体には多数の分域が存在することを述べたが，各分極の方向は自然の状態ではランダムである．この場合，強誘電体に外力を加えても，ランダムな分域の回転が互いに分極を打ち消し合い，電荷の変化は起こらない．材料に圧電性を付与するためには，外部から大きな電場を負荷し，分極をある程度揃える必要がある．

2.4.1　多結晶の分極

全体が1つの結晶からなっている固体を単結晶，全体が同一の単結晶からなり，位置によって結晶軸が異なっている固体を**多結晶**(polycrystalline)という．

図 2.7 は，圧電多結晶体における分極の様子を示したものである．図 2.7(左)は，**結晶粒**(crystal grain)の分極がランダムに向いている圧電多結晶体の分域構造を示しており，図 2.5 の点 O の状態である．このような分域構造では，全分極 $\boldsymbol{P}$ の総和は 0 であり，圧電多結晶体は圧電性を示さない．圧電性を付与するには，圧電多結晶体に電極を付け，大きな電場 $\boldsymbol{E}$ を負荷する必要がある．その結果，図 2.7(中)に示すように，分域の大部分が $\boldsymbol{E}$ の方向に沿って整列する．図 2.5 の点 A の状態である．このとき，圧電体は，電場の方向にわずかに膨張し，電場に垂直な方向に収縮する．電場を負荷した後に電場を除去しても，圧電結晶体は，図 2.5 の点 B で示した通り巨視的な残留分極 P_{r} が存在し，図 2.7(右)のように伸びも残る．この分極は，外力を加えたときに多結晶体に表面電荷の変化をもたらし，圧電性として知られる現象を引き起こす．外部の電場により圧電多結晶体に自発分極をもたせる手順を**分極処理**(poling process)という．

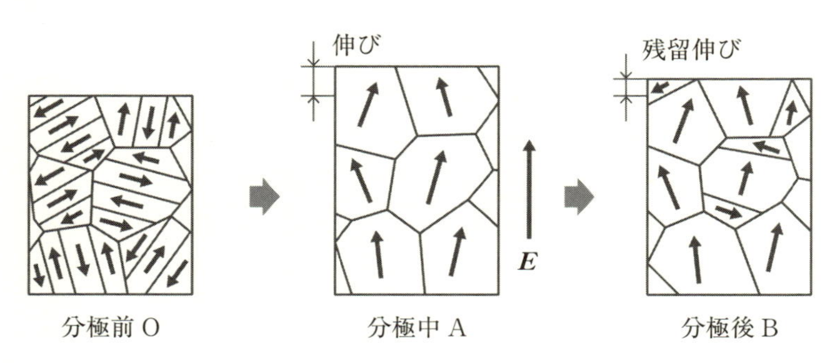

図 2.7　圧電多結晶の分極処理

2.4.2　ひずみと電場

電場による分極の変化は，単位長さ当たりの変形量すなわち**ひずみ**(strain)と関係づけることができる．**図 2.8** は強誘電体の典型的なひずみ ε と電場 $\boldsymbol{E}$ との関係を示したものである．ランダムな分域構造をもつ点 O の状態(図 2.7(左))に電場 $\boldsymbol{E}$ を与えると，ひずみは，電場の増加に伴い増加し，電場が十分に高くなると急激に上昇し始める．その後，ひずみは飽和レベルである点 A に達する(図 2.7(中))．このとき，分極は外部の電場と同じ方向になっている．電場を除去した後(図 2.7(右))，ひずみは分極と同様開始点 O には戻らず点 B に示した値 ε_r になり，これを**残留ひずみ**(remanent strain)と呼ぶ．分極処理の間，ひずみは O–A–B の経路をたどる．電場が負の値まで減少すると，ひずみも減少し，点 C(抗電場 $-E_c$)を通過する．この点で，分極は 0 となる．負の電場が $-E_c$ を超えると，ひずみは点 C から再び増加し，最終的に点 D で飽和する．電場が再び減少して負から正に変化すると，ひずみは点 E と点 F(抗電場 E_c)を通って点 A に戻る．このひずみと電場の関係を**バタフライカーブ**(butterfly curve)と呼んでいる．

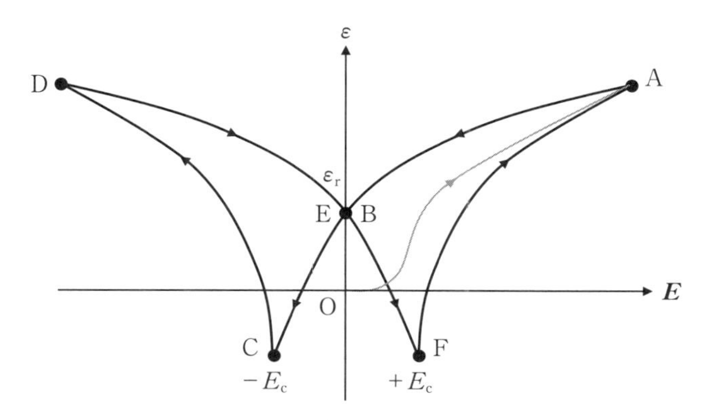

図 2.8　ひずみと電場の関係

2.4.3　分極処理

圧電体の分極処理には，**直流分極**(direct current(DC) poling)，**コロナ放電分極**(corona discharge poling)，**交流分極**(AC poling)などがある．最も普及している直流

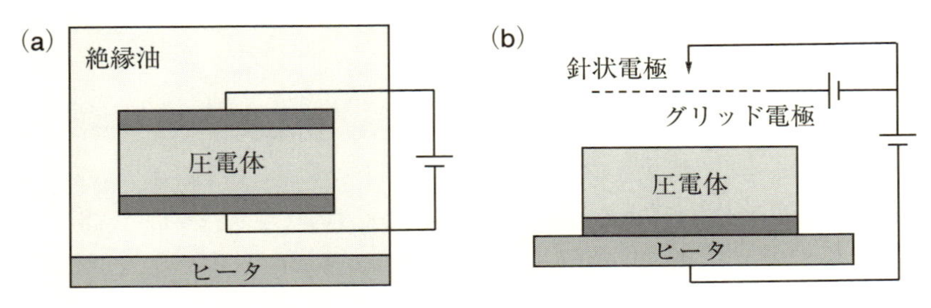

図 2.9　(a)直流分極と(b)コロナ放電分極

分極は，文字通り直流電圧を直接印加する比較的容易な方法であり，**直接分極**(direct poling)または**接触分極**(contact poling)とも呼ばれる．分極前に圧電体に上部電極と下部電極を付ける必要があり，分極を高めるには電極と圧電体との密着性が重要となる．また，圧電性能を最大限に発揮する最適な温度に圧電体を加熱する必要がある．一方，電圧を大きくしすぎると，圧電体は**絶縁破壊**(dielectric breakdown)する可能性がある．これを防ぐため，**図 2.9**(a)に示すように，直流分極は一般にシリコンオイルなどの絶縁油の中で行われる．

コロナ放電分極は，上部電極を必要とせず，空気中でも可能である．上部電極を必要としないため，比較的大きな圧電体にも適しており，絶縁破壊といった危険性もない．図 2.9(b)に示すように，圧電体をステージ(ヒータ基板)上に設置し，針状電極と呼ばれる針状の金属片を使って圧電体上面に電荷を打ち込む．針状電極と下部電極間に印加した電圧が放電開始電圧以上に達すると，針状電極から電子が放出してイオンが発生する．圧電体に向かって加速されたイオンは，針状電極の直下に位置する金属グリッド電極によって管理され，グリッドの位置と電圧の大きさを調整することで，圧電体表面に打ち込まれる電荷の量を調節することができる．ただし，比較的小さな圧電体はグリッド電極がなくても分極できている．なお，分極中の温度は，圧電体の下部電極と接触しているステージから熱を加えたり取り除いたりすることによって制御することができる．

交流分極は直流分極に似た方式であり，主な違いは直流電圧の代わりに交流電圧を用いる点である．圧電体は，直流分極法と同様，絶縁油中の電極間に置かれ，大きな交流電圧が印加される．

【コラム 2.1】　交流分極による特性向上

圧電材料の性能を示す指標の１つに圧電 d 定数があります．現在製造されている圧電材料で最も大きな圧電 d 定数を示すのは鉛系ペロブスカイト化合物の強誘電性単結晶です．強誘電体は圧電性の起源となる自発分極の向きを温度，電場，応力などの条件を調整することによって反転させることができます．したがって，その圧電特性は，材料組成によって決まる結晶構造に加え，結晶内の分域構造の影響を強く受けます．結晶内の分域構造は外場を利用した分極処理で制御されます．

鉛系ペロブスカイト化合物の単結晶は，優れた圧電特性により医療用画像診断装置の超音波トランスデューサとして実用化されています．その単結晶の成分組成比を調整し，分極処理を直流電圧ではなく交流電圧で動的に行うことにより，圧電特性が顕著に向上することが確認されました．圧電 d 定数は 5,000 pC/N を超えます[2]．また，電気的エネルギーと機械的エネルギーの変換効率を示す電気機械結合係数は 96％を示すことが報告されています．特性が向上する理由として，交流分極を行うことで直流分極とは異なるドメイン構造が結晶内に形成されるためと考えられています．

【参考資料】　山下洋八，孫億琴，唐木智明[2]より．

2.4.4　ドメインエンジニアリング

圧電セラミックスの特性は，材料組成や結晶構造だけではなく，結晶粒内の分域構造にも関係している[3]．**図 2.10** は，低電場と高電場を負荷して評価した圧電特性の周波数依存性を示したもので，縦軸に**圧電定数**(piezoelectric constant) d_{33} (3.3 節参照)を示している．低い交流電場を利用する共振法(4.3 節参照)で評価した圧電定数は，高い交流電場を負荷してひずみとの関係から求めた圧電定数と比較すると，値の大きさが異なる[1, 4]．その原因は結晶粒内の分域構造によるもので，圧電セラミックスの特性や信頼性などに及ぼす微細組織の影響も無視できない．望ましい分域構造に意図的に制御し，圧電特性を向上させる方法を**ドメインエンジニアリング**(domain engineering)と呼んでいる[5]．

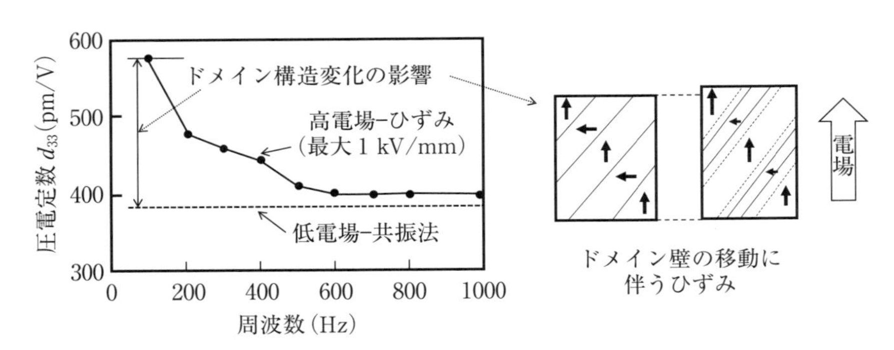

図2.10　圧電セラミックスの特性に及ぼすドメイン構造の影響

【参考文献】

［1］ 池田拓郎,「圧電材料学の基礎」, 1984, オーム社.

［2］ 山下洋八, 孫億琴, 唐木智明, 鉛ペロブスカイト系圧電単結晶の陰陽と謎, 粉体および粉末冶金 **69**(2022)362-367.

［3］ T. Tsurumi, Non-linear piezoelectric and dielectric behaviors in perovskite ferroelectrics, J. Ceram. Soc. Jp. **115**(2007)17-22.

［4］ F. Narita, Y. Shindo, and M. Mikami, Analytical and experimental study of nonlinear bending response and domain wall motion in piezoelectric laminated actuators under AC electric fields, Acta Mater. **53**(2005)4523-4529.

［5］ 和田智志, 第2章, 第4節,「圧電単結晶のドメイン構造制御」,「圧電材料の高性能化と先端応用技術」, 中村僖良監修, 2007, サイエンス&テクノロジー, pp. 89-99.

第3章 力学場と電場の相互作用

3

本章では，圧電体の電気力学的挙動を記述するための基礎式について述べる．また，エネルギーの変換効率に関係するパラメータにも言及する．

3.1 電束密度と電場

式(2.1)で与えられる全電荷 Q を単位面積当たりで表した物理量は，**電束密度**(electric displacement)と呼ばれ，次式で与えられる．

$$\boldsymbol{D} = \epsilon_0 \boldsymbol{E} + \boldsymbol{P} \tag{3.1}$$

ここで，$\epsilon_0 = 8.854 \times 10^{-12}$ C/Vm は真空中の誘電率である．また，電場の強さベクトル $\boldsymbol{E}$ と電束密度ベクトル $\boldsymbol{D}$ の関係は，図 2.5 で表される直線 OA の初期傾きを ϵ とおくと，

$$\boldsymbol{D} = \epsilon \boldsymbol{E} = \epsilon_r \epsilon_0 \boldsymbol{E} \tag{3.2}$$

で表される．$\epsilon_r = \epsilon / \epsilon_0$ は**比誘電率**(relative permittivity)である．

いま，**直交座標系**(cartesian coordinate system)O-x_1, x_2, x_3 を考え，座標軸 x_1, x_2, x_3 に沿う**単位基底ベクトル**(unit base vector)を $(\boldsymbol{e}_1, \boldsymbol{e}_2, \boldsymbol{e}_3)$ とする．ベクトル $\boldsymbol{D}$ と $\boldsymbol{E}$ は，それぞれ $\boldsymbol{D} = D_1\boldsymbol{e}_1 + D_2\boldsymbol{e}_2 + D_3\boldsymbol{e}_3 = (D_1, D_2, D_3)$，$\boldsymbol{E} = E_1\boldsymbol{e}_1 + E_2\boldsymbol{e}_2 + E_3\boldsymbol{e}_3 = (E_1, E_2, E_3)$ のように成分を用いて表すことができる．方向によって誘電率 ϵ の値が異なる物質があり，その場合の電束密度と電場の強さとの関係は，式(3.2)の代わりに，成分を用いて

$$\begin{Bmatrix} D_1 \\ D_2 \\ D_3 \end{Bmatrix} = \begin{bmatrix} \epsilon_{11} & \epsilon_{12} & \epsilon_{13} \\ \epsilon_{21} & \epsilon_{22} & \epsilon_{23} \\ \epsilon_{31} & \epsilon_{32} & \epsilon_{33} \end{bmatrix} \begin{Bmatrix} E_1 \\ E_2 \\ E_3 \end{Bmatrix} \tag{3.3}$$

と表すことができる[1]．式(3.3)は

$$D_i = \epsilon_{ij} E_j \tag{3.4}$$

のように書くこともでき，D_i および E_i は，それぞれ $\boldsymbol{D}$ と $\boldsymbol{E}$ の x_i 成分である．誘電率 ϵ_{ij} は，スカラー(scalar)ではなく，2階のテンソル(tensor)である．式(3.4)は，

Einstein の総和規約(Einstein summation convention)を用いて記述したもので，同じ下付き添え字が2度繰り返されているときは，

$$D_i = \sum_{j=1}^{3} \epsilon_{ij} E_j = \epsilon_{i1} E_1 + \epsilon_{i2} E_2 + \epsilon_{i3} E_3 \tag{3.5}$$

のように和をとる．

3.2 応力とひずみ

外力を受ける物体の変形や破壊を巨視レベルで調べるとき，**応力**(stress)とひずみを用いると便利である[2]．

図 3.1(a)に示すように，水平方向上向きに x_3 軸を取り，長さ l の棒状の圧電体を考える．図 3.1(b)のように，圧電体に外力として引張荷重 F_3 を作用させると，圧電体は λ だけ伸びてつり合う．力は，電場や電束密度と同様大きさと向きをもつベクトル量であり，単独に存在せず，常に大きさが等しく互いに向きが反対の力と対になって存在している．したがって，断面 X-X で仮想的に切断すると，面には引張荷重 F_3 とつり合う反対向きの力すなわち**内力**(internal force)F_3 が作用している．単位面積当たりのこの内力は，**垂直応力**(normal stress)と呼ばれ，断面積を A とおくと，$\sigma_{33} = F_3/A$ で表される．また，伸びの割合 $\varepsilon_{33} = \lambda/l$ を**垂直ひずみ**(normal strain)という．応力 σ_{ij} およびひずみ ε_{ij} の下付き添え字の1番目の文字 i は作用している面の法線方向を，2番目の添え字 j は作用している方向を表す．

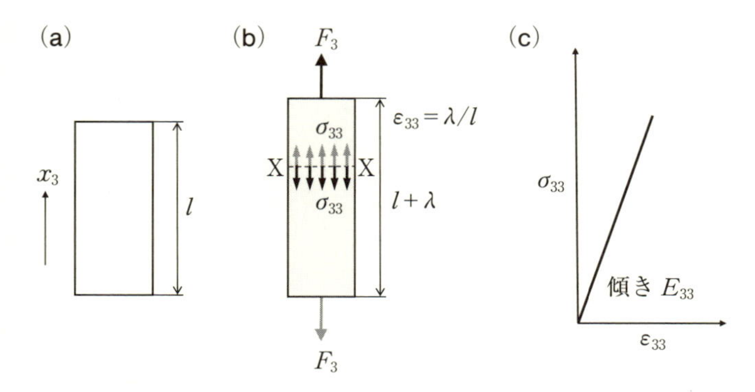

図 3.1　引張荷重を受ける圧電体

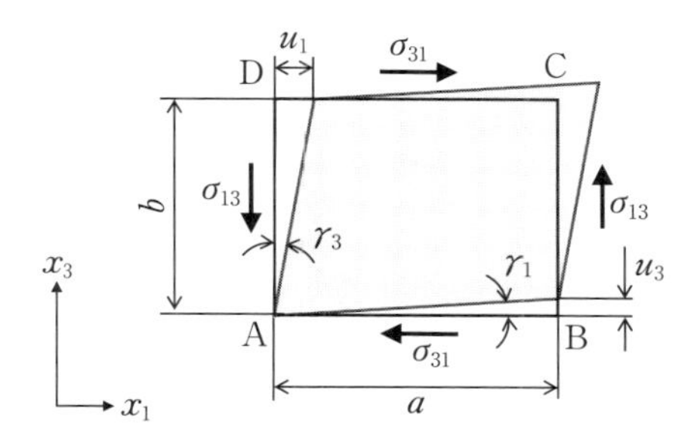

図 3.2 荷重によってずれが生じる圧電体

図 3.1(c)のように，応力とひずみの間には，荷重が小さい範囲では比例関係があり，

$$\sigma_{33} = E_{33}\varepsilon_{33} \tag{3.6}$$

が成立する．この関係を**Hooke の法則**(Hooke's law)といい，荷重を取り去ると元の形に戻り，ひずみもなくなる．式(3.6)の E_{33} は，直線の傾きで，x_3 方向の**縦弾性係数**(modulus of elasticity)または**ヤング率**(Young's modulus)と呼ばれ，x_3 方向における変形のしにくさを表す指標である．

次に，**図 3.2** のように，荷重によって圧電体にずれが生じる場合を考える．微小要素 ABCD には**せん断応力**(shearing stress)$\sigma_{13} = \sigma_{31}$ が作用しており，点 B，点 D は，それぞれ微小角度 γ_1，γ_3 だけずれ，距離 u_3，u_1 だけ移動している．この移動量を**変位**(displacement)という．変形前に直角であった角 BAD の減少角度 γ_{13} は，工学的**せん断ひずみ**(shearing strain)と呼ばれ，$\gamma_{13} = \gamma_1 + \gamma_3 = u_3/a + u_1/b = \gamma_{31}$ と近似できる．

せん断変形の場合も Hooke の法則が成り立ち，せん断応力とせん断ひずみの関係は

$$\sigma_{31} = G_{13}\varepsilon_{31} \tag{3.7}$$

と表される．比例係数 G_{13} を**横弾性係数**(modulus of rigidity)または**せん断弾性係数**(shear modulus of elasticity)と呼ぶ．

実際の圧電体は三次元の物体であるので，三次元空間で応力とひずみを理解する必要がある．いま，**図 3.3** のように，直交座標系 O-x_1, x_2, x_3 において，座標軸 x_1, x_2, x_3 に垂直な面をもつ微小直方体を取り上げ，各面に作用する応力を考える．

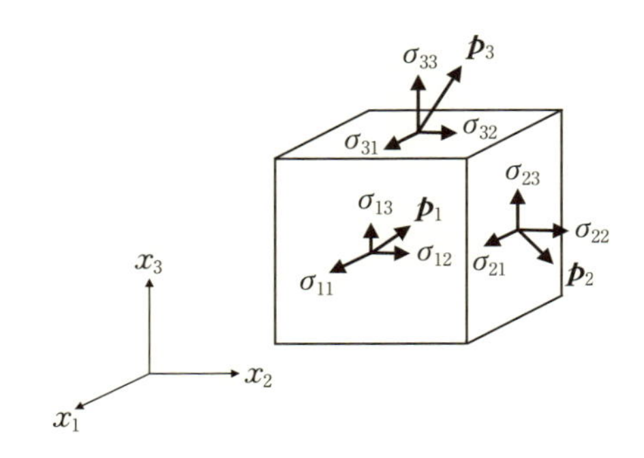

図 3.3　応力ベクトルと応力成分

x_i 軸に垂直な面(x_i 面)に作用している応力は大きさと向きをもつベクトルである．いま，x_i 面に作用する**応力ベクトル**(stress vector)を $\boldsymbol{p}_i$ と書く．座標軸 x_1, x_2, x_3 に沿う単位基底ベクトル ($\boldsymbol{e}_1, \boldsymbol{e}_2, \boldsymbol{e}_3$) を用いれば，応力ベクトル $\boldsymbol{p}_i$ は $\boldsymbol{p}_i = \sigma_{i1}\boldsymbol{e}_1 + \sigma_{i2}\boldsymbol{e}_2 + \sigma_{i3}\boldsymbol{e}_3 = (\sigma_{i1}, \sigma_{i2}, \sigma_{i3})$ のように応力成分を用いて表すことができる．もちろん，$\boldsymbol{p}_i$ と $\boldsymbol{e}_i$ は同じ方向となるとは限らない．σ_{ij} は，大きさと2つの方向をもつ2階のテンソルであり，**応力テンソル**(stress tensor)と呼ばれる．物体内の応力状態は9個の応力成分で表され，同様に，変形の状態は**ひずみテンソル**(strain tensor)ε_{ij} の9個のひずみ成分で表される．応力とひずみの関係を完全に記述するには81個の弾性係数が必要となるが，応力テンソルとひずみテンソルの**対称性**(symmetry)

$$\sigma_{ij} = \sigma_{ji} \tag{3.8}$$

$$\varepsilon_{ij} = \varepsilon_{ji} \tag{3.9}$$

により，独立した弾性係数は36個になる．

応力とひずみの関係の一般形すなわち広義の Hooke の法則は

$$\begin{Bmatrix} \sigma_{11} \\ \sigma_{22} \\ \sigma_{33} \\ \sigma_{23} \\ \sigma_{31} \\ \sigma_{12} \end{Bmatrix} = \begin{bmatrix} c_{1111} & c_{1122} & c_{1133} & c_{1123} & c_{1131} & c_{1112} \\ c_{2211} & c_{2222} & c_{2233} & c_{2223} & c_{2231} & c_{2212} \\ c_{3311} & c_{3322} & c_{3333} & c_{3323} & c_{3331} & c_{3312} \\ c_{2311} & c_{2322} & c_{2333} & c_{2323} & c_{2331} & c_{2312} \\ c_{3111} & c_{3122} & c_{3133} & c_{3123} & c_{3131} & c_{3112} \\ c_{1211} & c_{1222} & c_{1233} & c_{1223} & c_{1231} & c_{1212} \end{bmatrix} \begin{Bmatrix} \varepsilon_{11} \\ \varepsilon_{22} \\ \varepsilon_{33} \\ 2\varepsilon_{23} \\ 2\varepsilon_{31} \\ 2\varepsilon_{12} \end{Bmatrix} \tag{3.10}$$

で表され，これを**構成方程式**(constitutive equation)と呼び，総和規約を用いて

$$\sigma_{ij} = c_{ijkl}\varepsilon_{kl} \tag{3.11}$$

と書くことができる．ここで，c_{ijkl} を**弾性剛性係数**(elastic stiffness constant)あるいは単に**剛性係数**または**弾性係数**という．式(3.10)および式(3.11)のひずみを応力で書き表せば，それぞれ

$$\begin{Bmatrix} \varepsilon_{11} \\ \varepsilon_{22} \\ \varepsilon_{33} \\ 2\varepsilon_{23} \\ 2\varepsilon_{31} \\ 2\varepsilon_{12} \end{Bmatrix} = \begin{bmatrix} s_{1111} & s_{1122} & s_{1133} & 2s_{1123} & 2s_{1131} & 2s_{1112} \\ s_{2211} & s_{2222} & s_{2233} & 2s_{2223} & 2s_{2231} & 2s_{2212} \\ s_{3311} & s_{3322} & s_{3333} & 2s_{3323} & 2s_{3331} & 2s_{3312} \\ 2s_{2311} & 2s_{2322} & 2s_{2333} & 4s_{2323} & 4s_{2331} & 4s_{2312} \\ 2s_{3111} & 2s_{3122} & 2s_{3133} & 4s_{3123} & 4s_{3131} & 4s_{3112} \\ 2s_{1211} & 2s_{1222} & 2s_{1233} & 4s_{1223} & 4s_{1231} & 4s_{1212} \end{bmatrix} \begin{Bmatrix} \sigma_{11} \\ \sigma_{22} \\ \sigma_{33} \\ \sigma_{23} \\ \sigma_{31} \\ \sigma_{12} \end{Bmatrix} \tag{3.12}$$

および

$$\varepsilon_{ij} = s_{ijkl}\sigma_{kl} \tag{3.13}$$

となり，s_{ijkl} は**弾性コンプライアンス係数**(elastic compliance constant)と呼ばれる．

3.3 構成方程式

図 3.4 は，直交座標系 O-x_1, x_2, x_3 において，圧電体の微小要素に電場 $\boldsymbol{E} = (E_1, E_2, E_3)$ を負荷したときの伸び変形の様子を表したものである[3]．図 3.4(a)のように垂直ひずみ ε_{11} と電場 E_1 の間に比例関係が成り立つとき，

$$\varepsilon_{11} = d_{111}E_1 \tag{3.14}$$

と書くことができる．ここで，比例定数 d_{111} は**圧電ひずみ定数**(piezoelectric strain constant)あるいは単に**圧電定数**と呼ばれる．同様に，図 3.4(b)，(c)に示した傾き d_{211}，d_{311} を用いると，電場 E_2，E_3 によって誘起される垂直ひずみ ε_{11} は

$$\varepsilon_{11} = d_{211}E_2 \tag{3.15}$$

$$\varepsilon_{11} = d_{311}E_3 \tag{3.16}$$

で与えられる．したがって，電場 $\boldsymbol{E}$ によって生じる垂直ひずみ ε_{11} は，式(3.14)-(3.16)の垂直ひずみを重ね合わせ，次のように表すことができる．

$$\varepsilon_{11} = d_{111}E_1 + d_{211}E_2 + d_{311}E_3 \tag{3.17}$$

圧電体の微小要素は，電場 $\boldsymbol{E}$ によって x_1 方向に変形する結果，x_2 方向，x_3 方向に

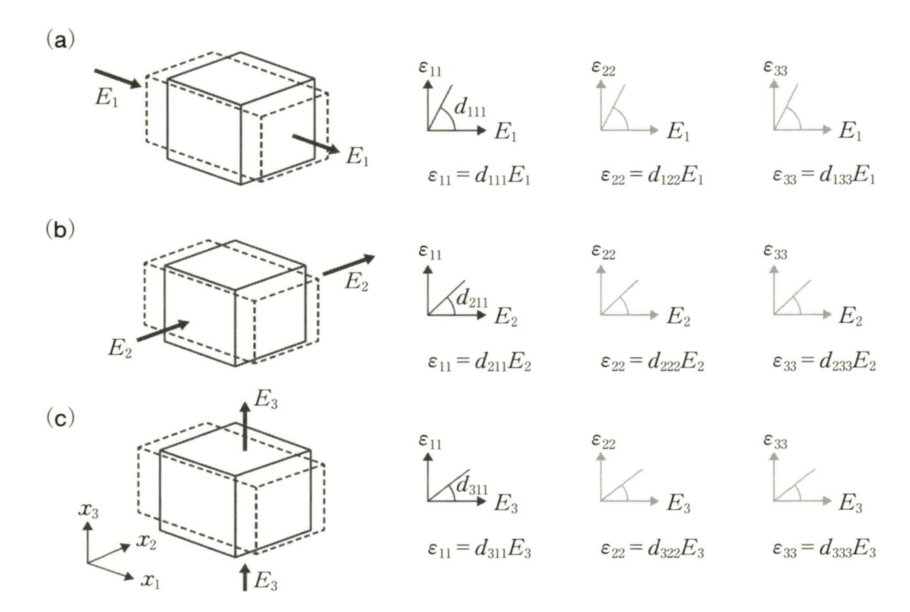

図 3.4　電場による引張変形

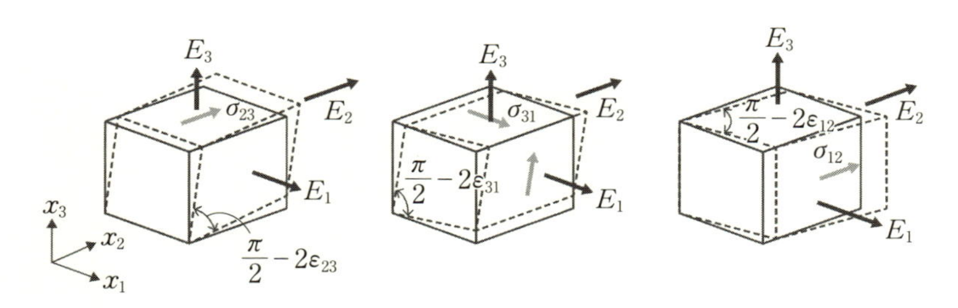

図 3.5　電場によるせん断変形

も変形する．x_2 方向，x_3 方向の垂直ひずみは

$$\varepsilon_{22} = d_{122}E_1 + d_{222}E_2 + d_{322}E_3 \tag{3.18}$$

$$\varepsilon_{33} = d_{133}E_1 + d_{233}E_2 + d_{333}E_3 \tag{3.19}$$

となる．

図 3.5 は，電場 $\boldsymbol{E}$ の作用を受けた微小要素のずれ変形を示したもので，電場によ

り x_2-x_3 面(左)，x_3-x_1 面(中央)，x_1-x_2 面(右)の角度が変化している．図 3.5 に示すように，3 つのせん断ひずみは以下のように与えられる．

$$\varepsilon_{23}=d_{123}E_1+d_{223}E_2+d_{323}E_3 \tag{3.20}$$

$$\varepsilon_{31}=d_{131}E_1+d_{231}E_2+d_{331}E_3 \tag{3.21}$$

$$\varepsilon_{12}=d_{112}E_1+d_{212}E_2+d_{312}E_3 \tag{3.22}$$

せん断ひずみ ε_{ij} と角度変化 γ_{ij} には，$2\varepsilon_{ij}=\gamma_{ij}$ の関係がある．ひずみと応力の関係式(3.12)およびひずみと電場の関係式(3.17)-(3.22)より，圧電体のひずみ，応力，電場の関係は，これらを重ね合わせ，

$$\begin{Bmatrix}\varepsilon_{11}\\ \varepsilon_{22}\\ \varepsilon_{33}\\ 2\varepsilon_{23}\\ 2\varepsilon_{31}\\ 2\varepsilon_{12}\end{Bmatrix}=\begin{bmatrix}s^{\mathrm{E}}_{1111} & s^{\mathrm{E}}_{1122} & s^{\mathrm{E}}_{1133} & 2s^{\mathrm{E}}_{1123} & 2s^{\mathrm{E}}_{1131} & 2s^{\mathrm{E}}_{1112}\\ s^{\mathrm{E}}_{2211} & s^{\mathrm{E}}_{2222} & s^{\mathrm{E}}_{2233} & 2s^{\mathrm{E}}_{2223} & 2s^{\mathrm{E}}_{2231} & 2s^{\mathrm{E}}_{2212}\\ s^{\mathrm{E}}_{3311} & s^{\mathrm{E}}_{3322} & s^{\mathrm{E}}_{3333} & 2s^{\mathrm{E}}_{3323} & 2s^{\mathrm{E}}_{3331} & 2s^{\mathrm{E}}_{3312}\\ 2s^{\mathrm{E}}_{2311} & 2s^{\mathrm{E}}_{2322} & 2s^{\mathrm{E}}_{2333} & 4s^{\mathrm{E}}_{2323} & 4s^{\mathrm{E}}_{2331} & 4s^{\mathrm{E}}_{2312}\\ 2s^{\mathrm{E}}_{3111} & 2s^{\mathrm{E}}_{3122} & 2s^{\mathrm{E}}_{3133} & 4s^{\mathrm{E}}_{3123} & 4s^{\mathrm{E}}_{3131} & 4s^{\mathrm{E}}_{3112}\\ 2s^{\mathrm{E}}_{1211} & 2s^{\mathrm{E}}_{1222} & 2s^{\mathrm{E}}_{1233} & 4s^{\mathrm{E}}_{1223} & 4s^{\mathrm{E}}_{1231} & 4s^{\mathrm{E}}_{1212}\end{bmatrix}\begin{Bmatrix}\sigma_{11}\\ \sigma_{22}\\ \sigma_{33}\\ \sigma_{23}\\ \sigma_{31}\\ \sigma_{12}\end{Bmatrix}$$

$$+\begin{bmatrix}d_{111} & d_{211} & d_{311}\\ d_{122} & d_{222} & d_{322}\\ d_{133} & d_{233} & d_{333}\\ 2d_{123} & 2d_{223} & 2d_{323}\\ 2d_{131} & 2d_{231} & 2d_{331}\\ 2d_{112} & 2d_{212} & 2d_{312}\end{bmatrix}\begin{Bmatrix}E_1\\ E_2\\ E_3\end{Bmatrix} \tag{3.23}$$

と書くことができる．弾性コンプライアンス係数の上付き添え字の E は電場一定を表す．

図 3.6(a)は圧電体の微小要素に作用する引張応力 σ_{11} による伸び変形とそれによって生じる電荷の発生を模式的に示したものである．図 3.6(b)，(c)は，それぞれ同様の微小要素にそれぞれ引張応力 σ_{22}，σ_{33} を作用させたものである．また，**図 3.7** には圧電体の微小要素に作用するせん断応力によるずれ変形と電荷の発生を示している．応力によって生じる電束密度の x_1 方向成分は，図 3.6 と図 3.7 の x_1-x_2 平面に示した D_1 を重ね合わせ，応力の対称性(式(3.8))と圧電定数の対称性 $d_{kij}=d_{kji}$ を考慮することで，

$$D_1=d_{111}\sigma_{11}+d_{122}\sigma_{22}+d_{133}\sigma_{33}+2(d_{123}\sigma_{23}+d_{131}\sigma_{31}+d_{112}\sigma_{12}) \tag{3.24}$$

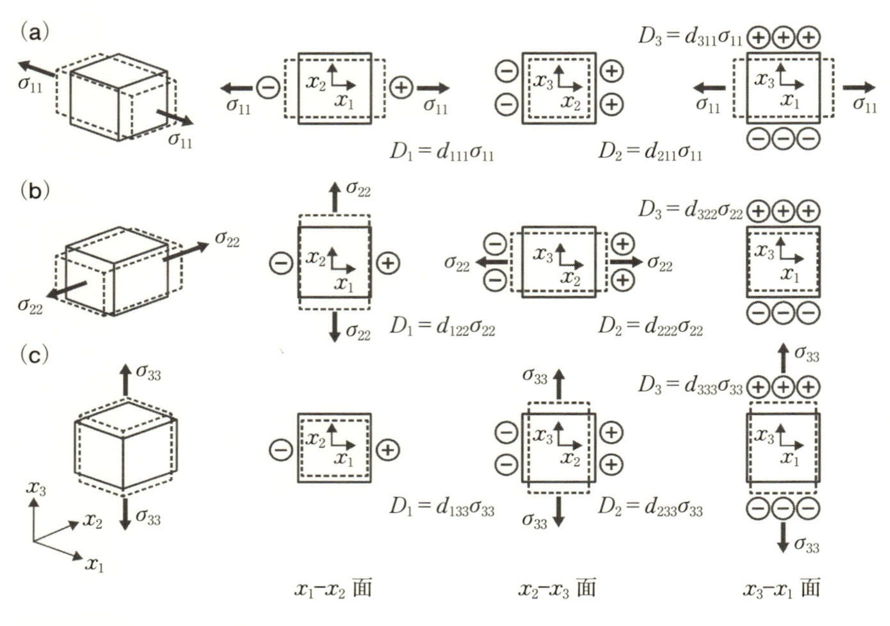

図 3.6　垂直応力による分極(プラスとマイナスの記号はイメージで，数に意味はない)

と書くことができる．同様に，応力によって生じる電束密度の x_2 方向および x_3 方向の成分は

$$D_2 = d_{211}\sigma_{11} + d_{222}\sigma_{22} + d_{233}\sigma_{33} + 2(d_{223}\sigma_{23} + d_{231}\sigma_{31} + d_{212}\sigma_{12}) \tag{3.25}$$

$$D_3 = d_{311}\sigma_{11} + d_{322}\sigma_{22} + d_{333}\sigma_{33} + 2(d_{323}\sigma_{23} + d_{331}\sigma_{31} + d_{312}\sigma_{12}) \tag{3.26}$$

で与えられる．電束密度と電場の関係式(3.3)および電束密度と応力の関係式(3.24)-(3.26)より，圧電体の電束密度，応力，電場の関係は次のように表される．

$$\begin{Bmatrix} D_1 \\ D_2 \\ D_3 \end{Bmatrix} = \begin{bmatrix} d_{111} & d_{122} & d_{133} & 2d_{123} & 2d_{131} & 2d_{112} \\ d_{211} & d_{222} & d_{233} & 2d_{223} & 2d_{231} & 2d_{212} \\ d_{311} & d_{322} & d_{333} & 2d_{323} & 2d_{331} & 2d_{312} \end{bmatrix} \begin{Bmatrix} \sigma_{11} \\ \sigma_{22} \\ \sigma_{33} \\ \sigma_{23} \\ \sigma_{31} \\ \sigma_{12} \end{Bmatrix} + \begin{bmatrix} \epsilon_{11}^{\mathrm{T}} & \epsilon_{12}^{\mathrm{T}} & \epsilon_{13}^{\mathrm{T}} \\ \epsilon_{21}^{\mathrm{T}} & \epsilon_{22}^{\mathrm{T}} & \epsilon_{23}^{\mathrm{T}} \\ \epsilon_{31}^{\mathrm{T}} & \epsilon_{32}^{\mathrm{T}} & \epsilon_{33}^{\mathrm{T}} \end{bmatrix} \begin{Bmatrix} E_1 \\ E_2 \\ E_3 \end{Bmatrix} \tag{3.27}$$

ここで，誘電率の上付き添え字 T は応力一定を表す．

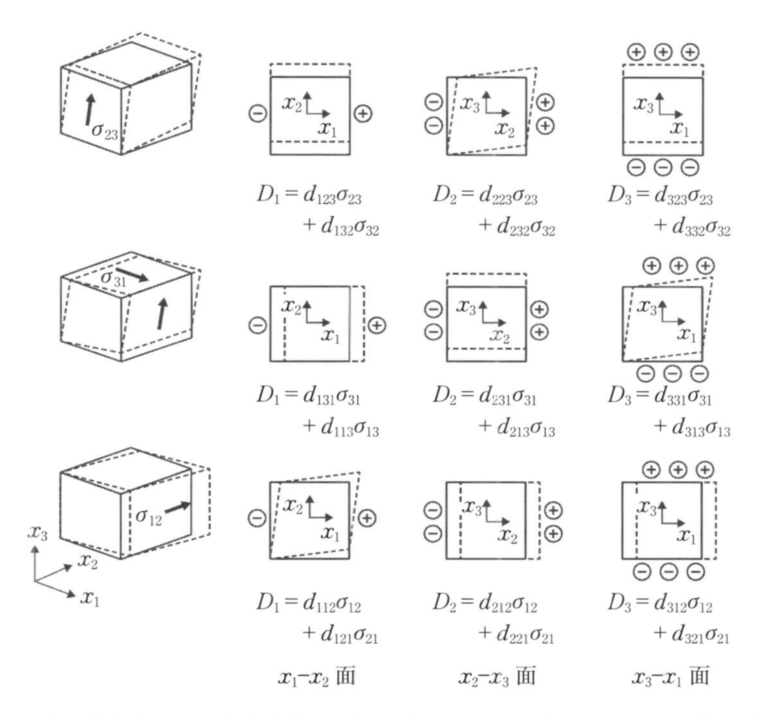

図 3.7　せん断応力による分極（プラスとマイナスの記号はイメージで，数に意味はない）

3.4　電気力学場と電気力学特性

圧電体の構成方程式(3.23)，(3.27)は総和規約を導入すれば，

$$\varepsilon_{ij} = s^{\mathrm{E}}_{ijkl}\sigma_{kl} + d_{kij}E_k \tag{3.28}$$

$$D_i = d_{ikl}\sigma_{kl} + \epsilon^{\mathrm{T}}_{ik}E_k \tag{3.29}$$

となり，先に示した圧電定数に加え，弾性コンプライアンス係数および誘電率も対称性 $s^{\mathrm{E}}_{ijkl} = s^{\mathrm{E}}_{jikl} = s^{\mathrm{E}}_{klij} = s^{\mathrm{E}}_{jilk}$，$\epsilon^{\mathrm{T}}_{ik} = \epsilon^{\mathrm{T}}_{ki}$ を満足する．式(3.28)，(3.29)は **d 形式**（d-form, strain-charge form）と呼ばれる構成方程式である．また，構成方程式には，**e 形式**（e-form，stress-charge form）

$$\sigma_{ij} = c^{\mathrm{E}}_{ijkl}\varepsilon_{kl} - e_{kij}E_k \tag{3.30}$$

$$D_i = e_{ikl}\varepsilon_{kl} + \epsilon^{\mathrm{S}}_{ik}E_k \tag{3.31}$$

があり，ここで，e_{kij} は**圧電応力定数**（piezoelectric stress coefficient），$\epsilon^{\mathrm{S}}_{ik}$ はひずみ一定での誘電率である．さらに，**g 形式**（g-form）および **h 形式**（h-form）と呼ばれるものもあり，それぞれ

$$\varepsilon_{ij} = s^{\mathrm{D}}_{ijkl}\sigma_{kl} + g_{kij}D_k \tag{3.32}$$

$$E_i = -g_{ikl}\sigma_{kl} + \beta^{\mathrm{T}}_{ik}D_k \tag{3.33}$$

および

$$\sigma_{ij} = c^{\mathrm{D}}_{ijkl}\varepsilon_{kl} - h_{kij}E_k \tag{3.34}$$

$$E_i = -h_{ikl}\varepsilon_{kl} + \beta^{\mathrm{S}}_{ik}D_k \tag{3.35}$$

で与えられる．ここで，g_{kij}，h_{kij} は圧電定数であり，β^{T}_{ik} および β^{S}_{ik} はそれぞれ応力一定およびひずみ一定における誘電率である．電気力学特性とその単位をまとめると，**表 3.1** のようになる．

一般に，構成方程式は，下付き添え字 i と j が交換可能，k と l が交換可能なとき，$ijkl$ の代わりに p または q を用いて**表 3.2** のように略記することができる[4]．表 3.2 を考慮し，四則演算の添え字を置き換えると，**表 3.3** が得られる．表 3.3 に電気力学特性の対称性も示しておく．

表 3.3 を用いると，式(3.28)，(3.29)は次のように書き換えられる．

表 3.1　電気力学特性と単位

材料定数	単位
s_{ijkl}	$\mathrm{m^2/N}$
c_{ijkl}	$\mathrm{N/m^2}$
d_{kij}	m/V ; C/N
e_{kij}	N/V/m ; $\mathrm{C/m^2}$
g_{kij}	Vm/N
h_{kij}	V/m
ϵ_{ik}	F/m ; C/V/m
β_{ik}	m/F

表 3.2 テンソル表記とマトリックス表記

ij or kl	p or q
11	1
22	2
33	3
23 or 32	4
31 or 13	5
12 or 21	6

表 3.3 材料定数の表記と対称性

材料定数	表記
$s_{ijkl}=s_{pq}$	$i=j$ and $k=l$, $p,q=1,2,3$
$2s_{ijkl}=s_{pq}$	$i=j$ and $k\neq l$, $p=1,2,3$, $q=1,2,3$
$4s_{ijkl}=s_{pq}$	$i\neq j$ and $k\neq l$, $p,q=4,5,6$
$c_{ijkl}=c_{pq}$	
$d_{kij}=d_{kq}$	$i=j$, $q=1,2,3$
$2d_{kij}=d_{kq}$	$i\neq j$, $q=4,5,6$
$e_{kij}=e_{kq}$	
対称性	
$s_{ijkl}=s_{jikl}=s_{klij}=s_{jilk}$, $c_{ijkl}=c_{jikl}=c_{klij}=c_{jilk}$	
$d_{kij}=d_{kji}$, $e_{kij}=e_{kji}$	
$\epsilon_{ik}=\epsilon_{ki}$	

$$
\begin{Bmatrix} \varepsilon_{11} \\ \varepsilon_{22} \\ \varepsilon_{33} \\ 2\varepsilon_{23} \\ 2\varepsilon_{31} \\ 2\varepsilon_{12} \end{Bmatrix} = \begin{bmatrix} s_{11}^{\mathrm{E}} & s_{12}^{\mathrm{E}} & s_{13}^{\mathrm{E}} & s_{14}^{\mathrm{E}} & s_{15}^{\mathrm{E}} & s_{16}^{\mathrm{E}} \\ s_{12}^{\mathrm{E}} & s_{22}^{\mathrm{E}} & s_{23}^{\mathrm{E}} & s_{24}^{\mathrm{E}} & s_{25}^{\mathrm{E}} & s_{26}^{\mathrm{E}} \\ s_{13}^{\mathrm{E}} & s_{23}^{\mathrm{E}} & s_{33}^{\mathrm{E}} & s_{34}^{\mathrm{E}} & s_{35}^{\mathrm{E}} & s_{36}^{\mathrm{E}} \\ s_{14}^{\mathrm{E}} & s_{24}^{\mathrm{E}} & s_{34}^{\mathrm{E}} & s_{44}^{\mathrm{E}} & s_{45}^{\mathrm{E}} & s_{46}^{\mathrm{E}} \\ s_{15}^{\mathrm{E}} & s_{25}^{\mathrm{E}} & s_{35}^{\mathrm{E}} & s_{45}^{\mathrm{E}} & s_{55}^{\mathrm{E}} & s_{56}^{\mathrm{E}} \\ s_{16}^{\mathrm{E}} & s_{26}^{\mathrm{E}} & s_{36}^{\mathrm{E}} & s_{46}^{\mathrm{E}} & s_{56}^{\mathrm{E}} & s_{66}^{\mathrm{E}} \end{bmatrix} \begin{Bmatrix} \sigma_{11} \\ \sigma_{22} \\ \sigma_{33} \\ \sigma_{23} \\ \sigma_{31} \\ \sigma_{12} \end{Bmatrix} + \begin{bmatrix} d_{11} & d_{21} & d_{31} \\ d_{12} & d_{22} & d_{32} \\ d_{13} & d_{23} & d_{33} \\ d_{14} & d_{24} & d_{34} \\ d_{15} & d_{25} & d_{35} \\ d_{16} & d_{26} & d_{36} \end{bmatrix} \begin{Bmatrix} E_1 \\ E_2 \\ E_3 \end{Bmatrix} \tag{3.36}
$$

$$
\begin{Bmatrix} D_1 \\ D_2 \\ D_3 \end{Bmatrix} = \begin{bmatrix} d_{11} & d_{12} & d_{13} & d_{14} & d_{15} & d_{16} \\ d_{21} & d_{22} & d_{23} & d_{24} & d_{25} & d_{26} \\ d_{31} & d_{32} & d_{33} & d_{34} & d_{35} & d_{36} \end{bmatrix} \begin{Bmatrix} \sigma_{11} \\ \sigma_{22} \\ \sigma_{33} \\ \sigma_{23} \\ \sigma_{31} \\ \sigma_{12} \end{Bmatrix} + \begin{bmatrix} \epsilon_{11}^{\mathrm{T}} & \epsilon_{12}^{\mathrm{T}} & \epsilon_{13}^{\mathrm{T}} \\ \epsilon_{12}^{\mathrm{T}} & \epsilon_{22}^{\mathrm{T}} & \epsilon_{23}^{\mathrm{T}} \\ \epsilon_{13}^{\mathrm{T}} & \epsilon_{23}^{\mathrm{T}} & \epsilon_{33}^{\mathrm{T}} \end{bmatrix} \begin{Bmatrix} E_1 \\ E_2 \\ E_3 \end{Bmatrix} \tag{3.37}
$$

また，式(3.30)と式(3.31)は次のようになる．

$$
\begin{Bmatrix} \sigma_{11} \\ \sigma_{22} \\ \sigma_{33} \\ \sigma_{23} \\ \sigma_{31} \\ \sigma_{12} \end{Bmatrix} = \begin{bmatrix} c_{11}^{\mathrm{E}} & c_{12}^{\mathrm{E}} & c_{13}^{\mathrm{E}} & c_{14}^{\mathrm{E}} & c_{15}^{\mathrm{E}} & c_{16}^{\mathrm{E}} \\ c_{12}^{\mathrm{E}} & c_{22}^{\mathrm{E}} & c_{23}^{\mathrm{E}} & c_{24}^{\mathrm{E}} & c_{25}^{\mathrm{E}} & c_{26}^{\mathrm{E}} \\ c_{13}^{\mathrm{E}} & c_{23}^{\mathrm{E}} & c_{33}^{\mathrm{E}} & c_{34}^{\mathrm{E}} & c_{35}^{\mathrm{E}} & c_{36}^{\mathrm{E}} \\ c_{14}^{\mathrm{E}} & c_{24}^{\mathrm{E}} & c_{34}^{\mathrm{E}} & c_{44}^{\mathrm{E}} & c_{45}^{\mathrm{E}} & c_{46}^{\mathrm{E}} \\ c_{15}^{\mathrm{E}} & c_{25}^{\mathrm{E}} & c_{35}^{\mathrm{E}} & c_{45}^{\mathrm{E}} & c_{55}^{\mathrm{E}} & c_{56}^{\mathrm{E}} \\ c_{16}^{\mathrm{E}} & c_{26}^{\mathrm{E}} & c_{36}^{\mathrm{E}} & c_{46}^{\mathrm{E}} & c_{56}^{\mathrm{E}} & c_{66}^{\mathrm{E}} \end{bmatrix} \begin{Bmatrix} \varepsilon_{11} \\ \varepsilon_{22} \\ \varepsilon_{33} \\ 2\varepsilon_{23} \\ 2\varepsilon_{31} \\ 2\varepsilon_{12} \end{Bmatrix} - \begin{bmatrix} e_{11} & e_{21} & e_{31} \\ e_{12} & e_{22} & e_{32} \\ e_{13} & e_{23} & e_{33} \\ e_{14} & e_{24} & e_{34} \\ e_{15} & e_{25} & e_{35} \\ e_{16} & e_{26} & e_{36} \end{bmatrix} \begin{Bmatrix} E_1 \\ E_2 \\ E_3 \end{Bmatrix} \tag{3.38}
$$

$$
\begin{Bmatrix} D_1 \\ D_2 \\ D_3 \end{Bmatrix} = \begin{bmatrix} e_{11} & e_{12} & e_{13} & e_{14} & e_{15} & e_{16} \\ e_{21} & e_{22} & e_{23} & e_{24} & e_{25} & e_{26} \\ e_{31} & e_{32} & e_{33} & e_{34} & e_{35} & e_{36} \end{bmatrix} \begin{Bmatrix} \varepsilon_{11} \\ \varepsilon_{22} \\ \varepsilon_{33} \\ 2\varepsilon_{23} \\ 2\varepsilon_{31} \\ 2\varepsilon_{12} \end{Bmatrix} + \begin{bmatrix} \epsilon_{11}^{\mathrm{S}} & \epsilon_{12}^{\mathrm{S}} & \epsilon_{13}^{\mathrm{S}} \\ \epsilon_{12}^{\mathrm{S}} & \epsilon_{22}^{\mathrm{S}} & \epsilon_{23}^{\mathrm{S}} \\ \epsilon_{13}^{\mathrm{S}} & \epsilon_{23}^{\mathrm{S}} & \epsilon_{33}^{\mathrm{S}} \end{bmatrix} \begin{Bmatrix} E_1 \\ E_2 \\ E_3 \end{Bmatrix} \tag{3.39}
$$

$\sigma_{11}=\sigma_1$，$\sigma_{22}=\sigma_2$，$\sigma_{33}=\sigma_3$，$\sigma_{23}=\sigma_4$，$\sigma_{31}=\sigma_5$，$\sigma_{12}=\sigma_6$ および $\varepsilon_{11}=\varepsilon_1$，$\varepsilon_{22}=\varepsilon_2$，$\varepsilon_{33}=\varepsilon_3$，$2\varepsilon_{23}=\varepsilon_4$，$2\varepsilon_{31}=\varepsilon_5$，$2\varepsilon_{12}=\varepsilon_6$ を用いて書いても良い．

弾性コンプライアンス係数，剛性係数に関する行列は対称であり，式(3.36)，(3.38)は21個の独立した弾性コンプライアンス係数または剛性係数で表される．したがって，圧電体には21＋18＋6＝45の独立した係数があることになる[4]．

3.4.1　結晶族と特性

20種類の結晶族の弾性係数，圧電定数，誘電率をそれぞれ**表3.4**，**表3.5**，**表3.6**に示す．電場と力学場の相互作用を構成方程式を利用して理解しようとする場合，対象とする材料(例えば圧電セラミックス，圧電高分子)で必要な係数の数が異なるので，注意が必要である．

3.4.2　弾性特性

いま，**図 3.8** に示すように，圧電体を x_1 方向に引張る場合を考え，圧電効果を無視すると，垂直応力 σ_{11} と垂直ひずみ ε_{11} の関係は，式(3.6)と同様，次のように書ける．

$$\varepsilon_{11} = \frac{\sigma_{11}}{E_{11}} \tag{3.40}$$

ここで，E_{11} は x_1 方向の縦弾性係数またはヤング率である．一般に，圧電体を x_1 方向に引張ると，x_2 方向に縮むので，縮みと x_1 方向の伸びの比を

$$\nu_{12} = -\frac{\varepsilon_{22}}{\varepsilon_{11}} \tag{3.41}$$

と定義すると，垂直ひずみ ε_{22} は

$$\varepsilon_{22} = -\nu_{12}\varepsilon_{11} = -\nu_{12}\frac{\sigma_{11}}{E_{11}} \tag{3.42}$$

と表される．ここで，ν_{12} は**ポアソン比**(Poisson's ratio)と呼ばれ，下付き添え字の1番目の文字は引張応力による伸びの方向を，2番目の文字は縮みの方向を示す．また，x_3 方向にも縮むので，x_3 方向の縮みと x_1 方向の伸びの比を

$$\nu_{13} = -\frac{\varepsilon_{33}}{\varepsilon_{11}} \tag{3.43}$$

とおくと，垂直ひずみ ε_{33} は

$$\varepsilon_{33} = -\nu_{13}\varepsilon_{11} = -\nu_{13}\frac{\sigma_{11}}{E_{11}} \tag{3.44}$$

となる．同様に，x_2 方向に引張る場合を考えると，垂直ひずみは次式で与えられる．

$$\varepsilon_{22} = \frac{\sigma_{22}}{E_{22}} \tag{3.45}$$

$$\varepsilon_{33} = -\nu_{23}\varepsilon_{22} = -\nu_{23}\frac{\sigma_{22}}{E_{22}} \tag{3.46}$$

$$\varepsilon_{11} = -\nu_{21}\varepsilon_{22} = -\nu_{21}\frac{\sigma_{22}}{E_{22}} \tag{3.47}$$

ここで，E_{22} は x_2 方向の縦弾性係数またはヤング率，ν_{21}，ν_{23} はポアソン比である．さらに，x_3 方向に引張る場合を考えると，垂直ひずみは

表 3.4　弾性係数

晶系・点群	弾性スティフネス	弾性コンプライアンス
三斜晶系 点群：1	$\begin{bmatrix} c_{11} & c_{12} & c_{13} & c_{14} & c_{15} & c_{16} \\ c_{12} & c_{22} & c_{23} & c_{24} & c_{25} & c_{26} \\ c_{13} & c_{23} & c_{33} & c_{34} & c_{35} & c_{36} \\ c_{14} & c_{24} & c_{34} & c_{44} & c_{45} & c_{46} \\ c_{15} & c_{25} & c_{35} & c_{45} & c_{55} & c_{56} \\ c_{16} & c_{26} & c_{36} & c_{46} & c_{56} & c_{66} \end{bmatrix}$	$\begin{bmatrix} s_{11} & s_{12} & s_{13} & s_{14} & s_{15} & s_{16} \\ s_{12} & s_{22} & s_{23} & s_{24} & s_{25} & s_{26} \\ s_{13} & s_{23} & s_{33} & s_{34} & s_{35} & s_{36} \\ s_{14} & s_{24} & s_{34} & s_{44} & s_{45} & s_{46} \\ s_{15} & s_{25} & s_{35} & s_{45} & s_{55} & s_{56} \\ s_{16} & s_{26} & s_{36} & s_{46} & s_{56} & s_{66} \end{bmatrix}$
単斜晶系 点群：$2, m$	$\begin{bmatrix} c_{11} & c_{12} & c_{13} & 0 & c_{15} & 0 \\ c_{12} & c_{22} & c_{23} & 0 & c_{25} & 0 \\ c_{13} & c_{23} & c_{33} & 0 & c_{35} & 0 \\ 0 & 0 & 0 & c_{44} & 0 & c_{46} \\ c_{15} & c_{25} & c_{35} & 0 & c_{55} & 0 \\ 0 & 0 & 0 & c_{46} & 0 & c_{66} \end{bmatrix}$	$\begin{bmatrix} s_{11} & s_{12} & s_{13} & 0 & s_{15} & 0 \\ s_{12} & s_{22} & s_{23} & 0 & s_{25} & 0 \\ s_{13} & s_{23} & s_{33} & 0 & s_{35} & 0 \\ 0 & 0 & 0 & s_{44} & 0 & s_{46} \\ s_{15} & s_{25} & s_{35} & 0 & s_{55} & 0 \\ 0 & 0 & 0 & s_{46} & 0 & s_{66} \end{bmatrix}$
斜方晶系 点群：$222, mm2$	$\begin{bmatrix} c_{11} & c_{12} & c_{13} & 0 & 0 & 0 \\ c_{12} & c_{22} & c_{23} & 0 & 0 & 0 \\ c_{13} & c_{23} & c_{33} & 0 & 0 & 0 \\ 0 & 0 & 0 & c_{44} & 0 & 0 \\ 0 & 0 & 0 & 0 & c_{55} & 0 \\ 0 & 0 & 0 & 0 & 0 & c_{66} \end{bmatrix}$	$\begin{bmatrix} s_{11} & s_{12} & s_{13} & 0 & 0 & 0 \\ s_{12} & s_{22} & s_{23} & 0 & 0 & 0 \\ s_{13} & s_{23} & s_{33} & 0 & 0 & 0 \\ 0 & 0 & 0 & s_{44} & 0 & 0 \\ 0 & 0 & 0 & 0 & s_{55} & 0 \\ 0 & 0 & 0 & 0 & 0 & s_{66} \end{bmatrix}$
正方晶系 点群：$4, \bar{4}$	$\begin{bmatrix} c_{11} & c_{12} & c_{13} & 0 & 0 & c_{16} \\ c_{12} & c_{11} & c_{13} & 0 & 0 & -c_{16} \\ c_{13} & c_{13} & c_{33} & 0 & 0 & 0 \\ 0 & 0 & 0 & c_{44} & 0 & 0 \\ 0 & 0 & 0 & 0 & c_{44} & 0 \\ c_{16} & -c_{16} & 0 & 0 & 0 & c_{66} \end{bmatrix}$	$\begin{bmatrix} s_{11} & s_{12} & s_{13} & 0 & 0 & s_{16} \\ s_{12} & s_{11} & s_{13} & 0 & 0 & -s_{16} \\ s_{13} & s_{13} & s_{33} & 0 & 0 & 0 \\ 0 & 0 & 0 & s_{44} & 0 & 0 \\ 0 & 0 & 0 & 0 & s_{44} & 0 \\ s_{16} & -s_{16} & 0 & 0 & 0 & s_{66} \end{bmatrix}$
点群：$422, 4mm, \bar{4}2m$	$\begin{bmatrix} c_{11} & c_{12} & c_{13} & 0 & 0 & 0 \\ c_{12} & c_{11} & c_{13} & 0 & 0 & 0 \\ c_{13} & c_{13} & c_{33} & 0 & 0 & 0 \\ 0 & 0 & 0 & c_{44} & 0 & 0 \\ 0 & 0 & 0 & 0 & c_{44} & 0 \\ 0 & 0 & 0 & 0 & 0 & c_{66} \end{bmatrix}$	$\begin{bmatrix} s_{11} & s_{12} & s_{13} & 0 & 0 & 0 \\ s_{12} & s_{11} & s_{13} & 0 & 0 & 0 \\ s_{13} & s_{13} & s_{33} & 0 & 0 & 0 \\ 0 & 0 & 0 & s_{44} & 0 & 0 \\ 0 & 0 & 0 & 0 & s_{44} & 0 \\ 0 & 0 & 0 & 0 & 0 & s_{66} \end{bmatrix}$

表 3.4　弾性係数(つづき)

三方晶系

点群：3

$$\begin{bmatrix} c_{11} & c_{12} & c_{13} & c_{14} & -c_{25} & 0 \\ c_{12} & c_{11} & c_{13} & -c_{14} & c_{25} & 0 \\ c_{13} & c_{13} & c_{33} & 0 & 0 & 0 \\ c_{14} & -c_{14} & 0 & c_{44} & 0 & c_{25} \\ -c_{25} & c_{25} & 0 & 0 & c_{44} & c_{14} \\ 0 & 0 & 0 & c_{25} & c_{14} & \dfrac{c_{11}-c_{12}}{2} \end{bmatrix} \begin{bmatrix} s_{11} & s_{12} & s_{13} & s_{14} & -s_{25} & 0 \\ s_{12} & s_{11} & s_{13} & -s_{14} & s_{25} & 0 \\ s_{13} & s_{13} & s_{33} & 0 & 0 & 0 \\ s_{14} & -s_{14} & 0 & s_{44} & 0 & 2s_{25} \\ -s_{25} & s_{25} & 0 & 0 & s_{44} & 2s_{14} \\ 0 & 0 & 0 & 2s_{25} & 2s_{14} & 2(s_{11}-s_{12}) \end{bmatrix}$$

点群：32, 3m

$$\begin{bmatrix} c_{11} & c_{12} & c_{13} & c_{14} & 0 & 0 \\ c_{12} & c_{11} & c_{13} & -c_{14} & 0 & 0 \\ c_{13} & c_{13} & c_{33} & 0 & 0 & 0 \\ c_{14} & -c_{14} & 0 & c_{44} & 0 & 0 \\ 0 & 0 & 0 & 0 & c_{44} & c_{14} \\ 0 & 0 & 0 & 0 & c_{14} & \dfrac{c_{11}-c_{12}}{2} \end{bmatrix} \quad \begin{bmatrix} s_{11} & s_{12} & s_{13} & s_{14} & 0 & 0 \\ s_{12} & s_{11} & s_{13} & -s_{14} & 0 & 0 \\ s_{13} & s_{13} & s_{33} & 0 & 0 & 0 \\ s_{14} & -s_{14} & 0 & s_{44} & 0 & 0 \\ 0 & 0 & 0 & 0 & s_{44} & 2s_{14} \\ 0 & 0 & 0 & 0 & 2s_{14} & 2(s_{11}-s_{12}) \end{bmatrix}$$

六方晶系

点群：6, $\bar{6}$, 622, 6mm, $\bar{6}m2$

$$\begin{bmatrix} c_{11} & c_{12} & c_{13} & 0 & 0 & 0 \\ c_{12} & c_{11} & c_{13} & 0 & 0 & 0 \\ c_{13} & c_{13} & c_{33} & 0 & 0 & 0 \\ 0 & 0 & 0 & c_{44} & 0 & 0 \\ 0 & 0 & 0 & 0 & c_{44} & 0 \\ 0 & 0 & 0 & 0 & 0 & \dfrac{c_{11}-c_{12}}{2} \end{bmatrix} \quad \begin{bmatrix} s_{11} & s_{12} & s_{13} & 0 & 0 & 0 \\ s_{12} & s_{11} & s_{13} & 0 & 0 & 0 \\ s_{13} & s_{13} & s_{33} & 0 & 0 & 0 \\ 0 & 0 & 0 & s_{44} & 0 & 0 \\ 0 & 0 & 0 & 0 & s_{44} & 0 \\ 0 & 0 & 0 & 0 & 0 & 2(s_{11}-s_{12}) \end{bmatrix}$$

立方晶系

点群：23, $\bar{4}3m$

$$\begin{bmatrix} c_{11} & c_{12} & c_{12} & 0 & 0 & 0 \\ c_{12} & c_{11} & c_{12} & 0 & 0 & 0 \\ c_{12} & c_{12} & c_{11} & 0 & 0 & 0 \\ 0 & 0 & 0 & c_{44} & 0 & 0 \\ 0 & 0 & 0 & 0 & c_{44} & 0 \\ 0 & 0 & 0 & 0 & 0 & c_{44} \end{bmatrix} \quad \begin{bmatrix} s_{11} & s_{12} & s_{12} & 0 & 0 & 0 \\ s_{12} & s_{11} & s_{12} & 0 & 0 & 0 \\ s_{12} & s_{12} & s_{11} & 0 & 0 & 0 \\ 0 & 0 & 0 & s_{44} & 0 & 0 \\ 0 & 0 & 0 & 0 & s_{44} & 0 \\ 0 & 0 & 0 & 0 & 0 & s_{44} \end{bmatrix}$$

表3.5　圧電定数

三斜晶系 点群：1	$\begin{bmatrix} e_{11} & e_{12} & e_{13} & e_{14} & e_{15} & e_{16} \\ e_{21} & e_{22} & e_{23} & e_{24} & e_{25} & e_{26} \\ e_{31} & e_{32} & e_{33} & e_{34} & e_{35} & e_{36} \end{bmatrix}$	$\begin{bmatrix} d_{11} & d_{12} & d_{13} & d_{14} & d_{15} & d_{16} \\ d_{21} & d_{22} & d_{23} & d_{24} & d_{25} & d_{26} \\ d_{31} & d_{32} & d_{33} & d_{34} & d_{35} & d_{36} \end{bmatrix}$
単斜晶系 点群：2	$\begin{bmatrix} 0 & 0 & 0 & e_{14} & 0 & e_{16} \\ e_{21} & e_{22} & e_{23} & 0 & e_{25} & 0 \\ 0 & 0 & 0 & e_{34} & 0 & e_{36} \end{bmatrix}$	$\begin{bmatrix} 0 & 0 & 0 & d_{14} & 0 & d_{16} \\ d_{21} & d_{22} & d_{23} & 0 & d_{25} & 0 \\ 0 & 0 & 0 & d_{34} & 0 & d_{36} \end{bmatrix}$
単斜晶系 点群：m	$\begin{bmatrix} e_{11} & e_{12} & e_{13} & 0 & e_{15} & 0 \\ 0 & 0 & 0 & e_{24} & 0 & e_{26} \\ e_{31} & e_{32} & e_{33} & 0 & e_{35} & 0 \end{bmatrix}$	$\begin{bmatrix} d_{11} & d_{12} & d_{13} & 0 & d_{15} & 0 \\ 0 & 0 & 0 & d_{24} & 0 & d_{26} \\ d_{31} & d_{32} & d_{33} & 0 & d_{35} & 0 \end{bmatrix}$
斜方晶系 点群：222	$\begin{bmatrix} 0 & 0 & 0 & e_{14} & 0 & 0 \\ 0 & 0 & 0 & 0 & e_{25} & 0 \\ 0 & 0 & 0 & 0 & 0 & e_{36} \end{bmatrix}$	$\begin{bmatrix} 0 & 0 & 0 & d_{14} & 0 & 0 \\ 0 & 0 & 0 & 0 & d_{25} & 0 \\ 0 & 0 & 0 & 0 & 0 & d_{36} \end{bmatrix}$
点群：$mm2$	$\begin{bmatrix} 0 & 0 & 0 & 0 & e_{15} & 0 \\ 0 & 0 & 0 & e_{24} & 0 & 0 \\ e_{31} & e_{32} & e_{33} & 0 & 0 & 0 \end{bmatrix}$	$\begin{bmatrix} 0 & 0 & 0 & 0 & d_{15} & 0 \\ 0 & 0 & 0 & d_{24} & 0 & 0 \\ d_{31} & d_{32} & d_{33} & 0 & 0 & 0 \end{bmatrix}$
正方晶系 点群：4	$\begin{bmatrix} 0 & 0 & 0 & e_{14} & e_{15} & 0 \\ 0 & 0 & 0 & e_{15} & -e_{14} & 0 \\ e_{31} & e_{31} & e_{33} & 0 & 0 & 0 \end{bmatrix}$	$\begin{bmatrix} 0 & 0 & 0 & d_{14} & d_{15} & 0 \\ 0 & 0 & 0 & d_{15} & -d_{14} & 0 \\ d_{31} & d_{31} & d_{33} & 0 & 0 & 0 \end{bmatrix}$
点群：$\bar{4}$	$\begin{bmatrix} 0 & 0 & 0 & e_{14} & e_{15} & 0 \\ 0 & 0 & 0 & -e_{15} & e_{14} & 0 \\ e_{31} & -e_{31} & 0 & 0 & 0 & e_{36} \end{bmatrix}$	$\begin{bmatrix} 0 & 0 & 0 & d_{14} & d_{15} & 0 \\ 0 & 0 & 0 & -d_{15} & d_{14} & 0 \\ d_{31} & -d_{31} & 0 & 0 & 0 & d_{36} \end{bmatrix}$
点群：422	$\begin{bmatrix} 0 & 0 & 0 & e_{14} & 0 & 0 \\ 0 & 0 & 0 & 0 & -e_{14} & 0 \\ 0 & 0 & 0 & 0 & 0 & 0 \end{bmatrix}$	$\begin{bmatrix} 0 & 0 & 0 & d_{14} & 0 & 0 \\ 0 & 0 & 0 & 0 & -d_{14} & 0 \\ 0 & 0 & 0 & 0 & 0 & 0 \end{bmatrix}$
点群：$4mm$	$\begin{bmatrix} 0 & 0 & 0 & 0 & e_{15} & 0 \\ 0 & 0 & 0 & e_{15} & 0 & 0 \\ e_{31} & e_{31} & e_{33} & 0 & 0 & 0 \end{bmatrix}$	$\begin{bmatrix} 0 & 0 & 0 & 0 & d_{15} & 0 \\ 0 & 0 & 0 & d_{15} & 0 & 0 \\ d_{31} & d_{31} & d_{33} & 0 & 0 & 0 \end{bmatrix}$
点群：$\bar{4}2m$	$\begin{bmatrix} 0 & 0 & 0 & e_{14} & 0 & 0 \\ 0 & 0 & 0 & 0 & e_{14} & 0 \\ 0 & 0 & 0 & 0 & 0 & e_{36} \end{bmatrix}$	$\begin{bmatrix} 0 & 0 & 0 & d_{14} & 0 & 0 \\ 0 & 0 & 0 & 0 & d_{14} & 0 \\ 0 & 0 & 0 & 0 & 0 & d_{36} \end{bmatrix}$

表 3.5　圧電定数(つづき)

三方晶系 点群：3	$\begin{bmatrix} e_{11} & -e_{11} & 0 & e_{14} & e_{15} & -e_{22} \\ -e_{22} & e_{22} & 0 & e_{15} & -e_{14} & -e_{11} \\ e_{31} & e_{31} & e_{33} & 0 & 0 & 0 \end{bmatrix}$	$\begin{bmatrix} d_{11} & -d_{11} & 0 & d_{14} & d_{15} & -2d_{22} \\ -d_{22} & d_{22} & 0 & d_{15} & -d_{14} & -2d_{11} \\ d_{31} & d_{31} & d_{33} & 0 & 0 & 0 \end{bmatrix}$
点群：32	$\begin{bmatrix} e_{11} & -e_{11} & 0 & e_{14} & 0 & 0 \\ 0 & 0 & 0 & 0 & -e_{14} & -e_{11} \\ 0 & 0 & 0 & 0 & 0 & 0 \end{bmatrix}$	$\begin{bmatrix} d_{11} & -d_{11} & 0 & d_{14} & 0 & 0 \\ 0 & 0 & 0 & 0 & -d_{14} & -2d_{11} \\ 0 & 0 & 0 & 0 & 0 & 0 \end{bmatrix}$
点群：$3m$	$\begin{bmatrix} 0 & 0 & 0 & 0 & e_{15} & -e_{22} \\ -e_{22} & e_{22} & 0 & e_{15} & 0 & 0 \\ e_{31} & e_{31} & e_{33} & 0 & 0 & 0 \end{bmatrix}$	$\begin{bmatrix} 0 & 0 & 0 & 0 & d_{15} & -2d_{22} \\ -d_{22} & d_{22} & 0 & d_{15} & 0 & 0 \\ d_{31} & d_{31} & d_{33} & 0 & 0 & 0 \end{bmatrix}$
六方晶系 点群：6	$\begin{bmatrix} 0 & 0 & 0 & e_{14} & e_{15} & 0 \\ 0 & 0 & 0 & e_{15} & -e_{14} & 0 \\ e_{31} & e_{31} & e_{33} & 0 & 0 & 0 \end{bmatrix}$	$\begin{bmatrix} 0 & 0 & 0 & d_{14} & d_{15} & 0 \\ 0 & 0 & 0 & d_{15} & -d_{14} & 0 \\ d_{31} & d_{31} & d_{33} & 0 & 0 & 0 \end{bmatrix}$
点群：$\bar{6}$	$\begin{bmatrix} e_{11} & -e_{11} & 0 & 0 & 0 & -e_{22} \\ -e_{22} & e_{22} & 0 & 0 & 0 & -e_{11} \\ 0 & 0 & 0 & 0 & 0 & 0 \end{bmatrix}$	$\begin{bmatrix} d_{11} & -d_{11} & 0 & 0 & 0 & -2d_{22} \\ -d_{22} & d_{22} & 0 & 0 & 0 & -2d_{11} \\ 0 & 0 & 0 & 0 & 0 & 0 \end{bmatrix}$
点群：622	$\begin{bmatrix} 0 & 0 & 0 & e_{14} & 0 & 0 \\ 0 & 0 & 0 & 0 & -e_{14} & 0 \\ 0 & 0 & 0 & 0 & 0 & 0 \end{bmatrix}$	$\begin{bmatrix} 0 & 0 & 0 & d_{14} & 0 & 0 \\ 0 & 0 & 0 & 0 & -d_{14} & 0 \\ 0 & 0 & 0 & 0 & 0 & 0 \end{bmatrix}$
点群：$6mm$	$\begin{bmatrix} 0 & 0 & 0 & 0 & e_{15} & 0 \\ 0 & 0 & 0 & e_{15} & 0 & 0 \\ e_{31} & e_{31} & e_{33} & 0 & 0 & 0 \end{bmatrix}$	$\begin{bmatrix} 0 & 0 & 0 & 0 & d_{15} & 0 \\ 0 & 0 & 0 & d_{15} & 0 & 0 \\ d_{31} & d_{31} & d_{33} & 0 & 0 & 0 \end{bmatrix}$
点群：$\bar{6}m2$	$\begin{bmatrix} e_{11} & -e_{11} & 0 & 0 & 0 & 0 \\ 0 & 0 & 0 & 0 & 0 & -e_{11} \\ 0 & 0 & 0 & 0 & 0 & 0 \end{bmatrix}$	$\begin{bmatrix} d_{11} & -d_{11} & 0 & 0 & 0 & 0 \\ 0 & 0 & 0 & 0 & 0 & -2d_{11} \\ 0 & 0 & 0 & 0 & 0 & 0 \end{bmatrix}$
立方晶 点群：23, $\bar{4}3m$	$\begin{bmatrix} 0 & 0 & 0 & e_{14} & 0 & 0 \\ 0 & 0 & 0 & 0 & e_{14} & 0 \\ 0 & 0 & 0 & 0 & 0 & e_{14} \end{bmatrix}$	$\begin{bmatrix} 0 & 0 & 0 & d_{14} & 0 & 0 \\ 0 & 0 & 0 & 0 & d_{14} & 0 \\ 0 & 0 & 0 & 0 & 0 & d_{14} \end{bmatrix}$

表 3.6　誘電率

三斜晶系
$\begin{bmatrix} \epsilon_{11} & \epsilon_{12} & \epsilon_{13} \\ \epsilon_{12} & \epsilon_{22} & \epsilon_{23} \\ \epsilon_{13} & \epsilon_{23} & \epsilon_{33} \end{bmatrix}$
単斜晶系
$\begin{bmatrix} \epsilon_{11} & 0 & \epsilon_{13} \\ 0 & \epsilon_{22} & 0 \\ \epsilon_{13} & 0 & \epsilon_{33} \end{bmatrix}$
斜方晶
$\begin{bmatrix} \epsilon_{11} & 0 & 0 \\ 0 & \epsilon_{22} & 0 \\ 0 & 0 & \epsilon_{33} \end{bmatrix}$
正方晶系，三方晶系，六方晶系
$\begin{bmatrix} \epsilon_{11} & 0 & 0 \\ 0 & \epsilon_{11} & 0 \\ 0 & 0 & \epsilon_{33} \end{bmatrix}$
立方晶系
$\begin{bmatrix} \epsilon_{11} & 0 & 0 \\ 0 & \epsilon_{11} & 0 \\ 0 & 0 & \epsilon_{11} \end{bmatrix}$

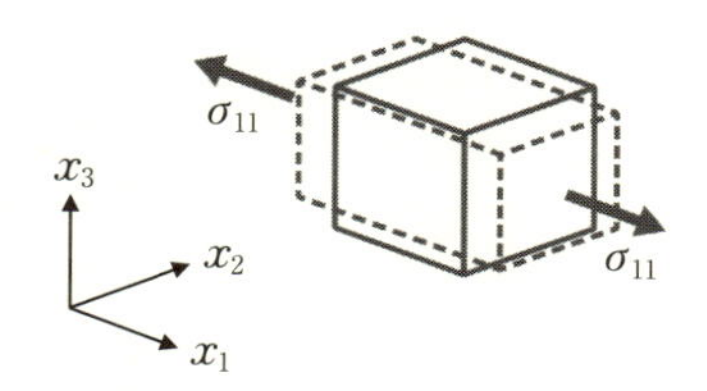

図 3.8　応力による引張変形

$$\varepsilon_{33} = \frac{\sigma_{33}}{E_{33}} \tag{3.48}$$

$$\varepsilon_{11} = -\nu_{31}\varepsilon_{33} = -\nu_{31}\frac{\sigma_{33}}{E_{33}} \tag{3.49}$$

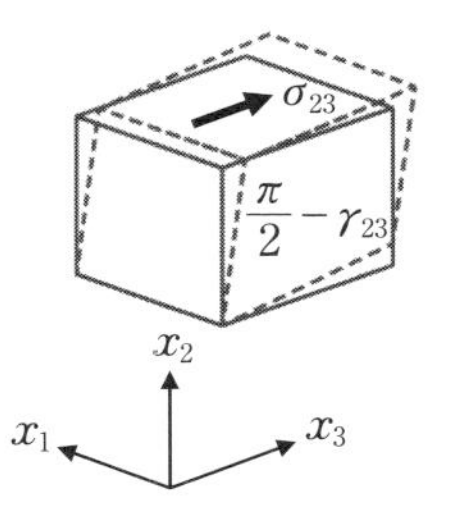

図 3.9　せん断応力による角度変化

$$\varepsilon_{22}=-\nu_{32}\varepsilon_{33}=-\nu_{32}\frac{\sigma_{33}}{E_{33}} \tag{3.50}$$

となる．ここで，ν_{31}，ν_{32} はポアソン比である．なお，$\nu_{ij}\neq\nu_{ji}$ であることに注意する必要がある．

図 3.9 に示すように，上下両面にせん断応力 σ_{23} のみが作用する直方体は，x_2-x_3 面の角度が変化する．式(3.7)と同様，その変化量すなわち工学的せん断ひずみは

$$\gamma_{23}=\frac{\sigma_{23}}{G_{23}} \tag{3.51}$$

で与えられ，それ以外の角度は直交したままである．すなわち，垂直ひずみは生じない．式(3.51)の G_{23} は x_2-x_3 面の横弾性係数あるいはせん断弾性係数と呼ばれる．同様に，

$$\gamma_{31}=\frac{\sigma_{31}}{G_{13}} \tag{3.52}$$

$$\gamma_{12}=\frac{\sigma_{12}}{G_{12}} \tag{3.53}$$

が得られ，G_{12} は x_1-x_2 面の横弾性係数あるいはせん断弾性係数である．

三次元の応力とひずみの関係は，式(3.40)，(3.42)，(3.44)-(3.53)と $2\varepsilon_{ij}=\gamma_{ij}$ より，

$$\varepsilon_{11}=\frac{1}{E_{11}}\sigma_{11}-\frac{\nu_{21}}{E_{22}}\sigma_{22}-\frac{\nu_{31}}{E_{33}}\sigma_{33}$$

$$\varepsilon_{22}=-\frac{\nu_{12}}{E_{11}}\sigma_{11}+\frac{1}{E_{22}}\sigma_{22}-\frac{\nu_{32}}{E_{33}}\sigma_{33}$$

$$\varepsilon_{33} = -\frac{\nu_{13}}{E_{11}}\sigma_{11} - \frac{\nu_{23}}{E_{22}}\sigma_{22} + \frac{1}{E_{33}}\sigma_{33}$$

$$2\varepsilon_{23} = \frac{1}{G_{23}}\sigma_{23}$$

$$2\varepsilon_{31} = \frac{1}{G_{13}}\sigma_{31}$$

$$2\varepsilon_{12} = \frac{1}{G_{12}}\sigma_{12} \tag{3.54}$$

で与えられる．特性が3方向でそれぞれ異なる**直交異方性**(orthotropic)材料は互いに直交する3つの対称面をもつ．また，ヤング率とポアソン比には次のような関係がある．

$$\frac{\nu_{12}}{E_{11}} = \frac{\nu_{21}}{E_{22}}, \quad \frac{\nu_{23}}{E_{22}} = \frac{\nu_{32}}{E_{33}}, \quad \frac{\nu_{31}}{E_{33}} = \frac{\nu_{13}}{E_{11}} \tag{3.55}$$

直交異方性材料は，9個の独立した弾性係数で特徴付けられ，弾性コンプライアンス係数は

$$s_{11}^{\mathrm{E}} = \frac{1}{E_{11}}, \quad s_{12}^{\mathrm{E}} = -\frac{\nu_{12}}{E_{11}}, \quad s_{13}^{\mathrm{E}} = -\frac{\nu_{13}}{E_{11}},$$

$$s_{22}^{\mathrm{E}} = \frac{1}{E_{22}}, \quad s_{23}^{\mathrm{E}} = -\frac{\nu_{23}}{E_{22}}, \quad s_{33}^{\mathrm{E}} = \frac{1}{E_{33}},$$

$$s_{44}^{\mathrm{E}} = \frac{1}{G_{23}}, \quad s_{55}^{\mathrm{E}} = \frac{1}{G_{13}}, \quad s_{66}^{\mathrm{E}} = \frac{1}{G_{12}} \tag{3.56}$$

のように縦弾性係数とポアソン比を用いて表すことができる．

1つの面内に等方性，面外に1方向の異方性をもつ場合を**横等方性**(transverse isotropic)材料という．例えば，x_1-x_2面で等方性とした場合，$E_{11} = E_{22}$，$G_{13} = G_{23}$，$\nu_{12} = \nu_{23}$，$G_{12} = E_{11}/(1-\nu_{12})$が成り立ち，独立した弾性係数は5個となる．

3.4.3　一次元問題

本項では，力学場と電場の相互作用を一次元で考える．一次元問題では，しばしば応力にT，ひずみにSを用いる場合がある．添え字を表記する場合は，表3.2を用いて応力σ_{11}，σ_{22}，σ_{33}，σ_{23}，σ_{31}，σ_{12}をそれぞれT_1，T_2，T_3，T_4，T_5，T_6と書く．また，ひずみε_{11}，ε_{22}，ε_{33}，$2\varepsilon_{23}$，$2\varepsilon_{31}$，$2\varepsilon_{12}$は，それぞれS_1，S_2，S_3，S_4，S_5，S_6

と書き，せん断ひずみの S は工学的せん断ひずみを意味する．

圧電セラミックスでは，ランダムな方位を向いている多結晶を分極処理するので，z 方向(3 軸方向ともいう)に分極軸をとると，z 軸に関して軸対称であるので，定数のマトリックスは $6mm$ 結晶と同じに扱える．したがって，圧電効果の関係式は，下付き添え字を無視すると，

$$\begin{aligned} S &= dE \\ D &= dT \end{aligned} \tag{3.57}$$

のように書くことができる．表 3.2，表 3.3 を考慮すると，式(3.57)は

$$\begin{aligned} S_1 &= d_{31}E_3 \\ S_3 &= d_{33}E_3 \\ S_5 &= d_{15}E_1 \\ D_1 &= d_{15}T_5 \\ D_3 &= d_{31}(T_1 + T_2) + d_{33}T_3 \end{aligned} \tag{3.58}$$

と整理できる．すなわち，一般的な圧電セラミックスで扱う圧電定数は，縦効果の d_{33}，横効果の d_{31}，せん断(すべり)効果の d_{15} の 3 つになる．**図 3.10** にそれぞれの逆圧電効果の概念図すなわち電場による変形モードを示している．

逆圧電効果による変位と印加電圧の関係式を求めてみよう．圧電縦効果と横効果による変形は，式(3.44)に示すようにポアソン比で関係があるので，同じ形状で比較できる．電場とひずみの関係，変位と電圧の関係を**図 3.11** に示す．

一方，せん断効果は分極軸を z 方向に取る通例から，どの面を固定するかで変形の考え方が 2 通り出てくる．せん断は固定面に平行にトランプのカードをシャッフルす

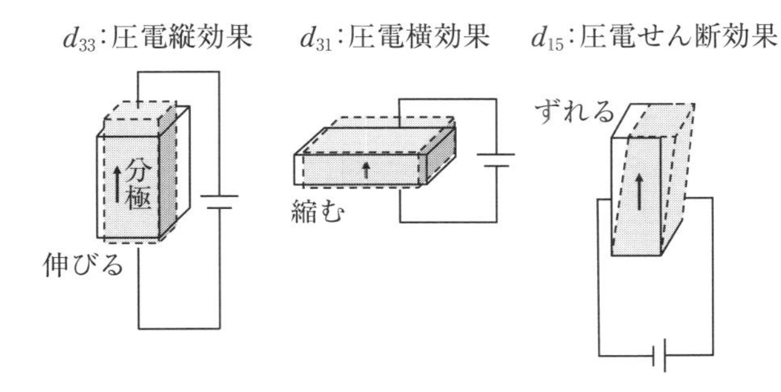

図 3.10　圧電セラミックスの圧電効果による 3 つの変形モード

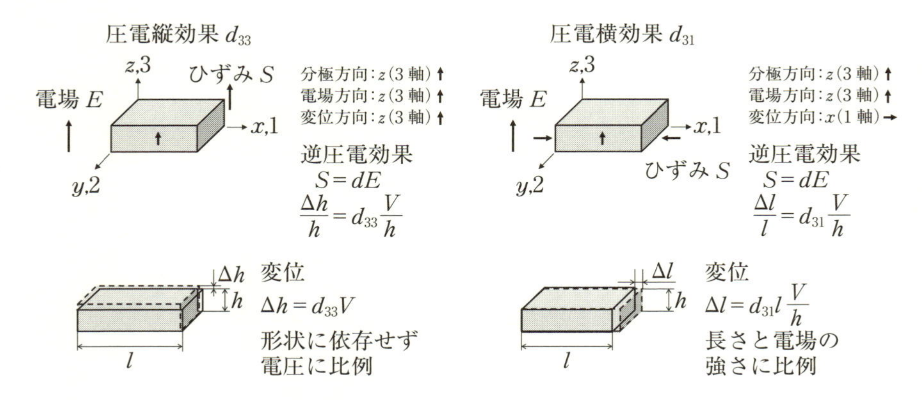

図 3.11　圧電縦効果と圧電横効果による変位と電圧の関係

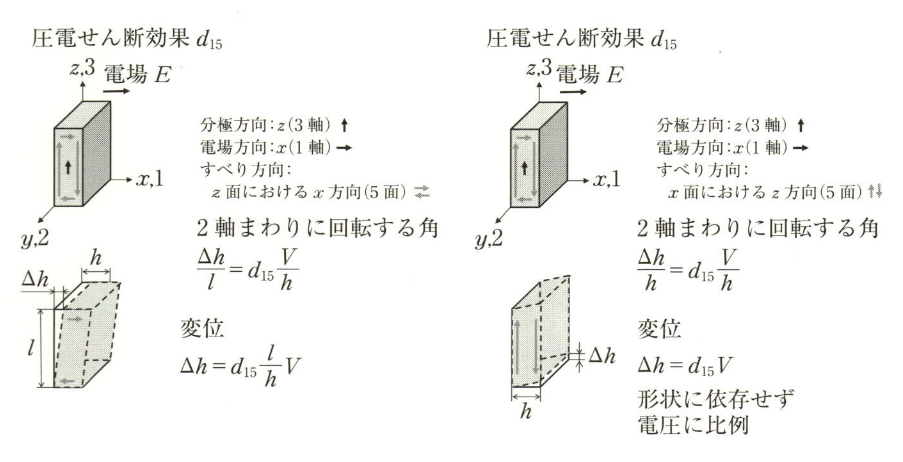

図 3.12　圧電せん断効果による変位と電圧の関係

るときのように変形する．すなわち，固定面に垂直な方向の寸法は変化しない．分極軸に平行な面を固定した場合と分極軸に垂直な面を固定した場合の電場とひずみ，電圧と変位の関係を**図 3.12** に示す．

正圧電効果による荷重と生成電圧の関係は 7.1 節で解説する．

〈例題 3.1〉

圧電効果の圧電 d 定数と逆圧電効果の圧電 d 定数の単位を求めよ．

〈解答〉

圧電効果の場合，$D = dT$ の関係があるから，圧電定数は $d = D/T$ となり，圧電効果の d の単位は C/N となる．一方，逆圧電効果の場合，$S = dE$ の関係があるから，$d = S/E$ となり，逆圧電効果の単位は m/V となる．したがって，圧電 d 定数の単位はそれぞれ，C/N，m/V となる．

圧電 d 定数の単位は pC/N，pm/V と表現されることが多い．p はナノの 1/1,000 であるから 10^{-12} である．この単位から読み取れる圧電 d 定数の意味は，前者の場合，1 N の力で 1 pC の電荷を生じることを示す係数となり，圧電効果の「叩くと電荷を生じる」という直感的なイメージと一致する．また，後者の pm/V は 1 V の電圧を印加すると 1 pm の変位を生じることを意味している．

〈例題 3.2〉

図 3.13 のように，圧電定数 $d_{31} = -287$ pm/V，$d_{33} = 635$ pm/V である長さ $l = 10$ mm，厚さ $h = 1$ mm の圧電セラミックスに 1,000 V の電圧を印加する．このとき，圧電縦効果，圧電横効果の変位 Δh，Δl をそれぞれ求め，ひずみを比較せよ．ただし，電極は分極軸に垂直な面に対向して形成してある．

〈解答〉

圧電縦効果の場合，図 3.11 より，

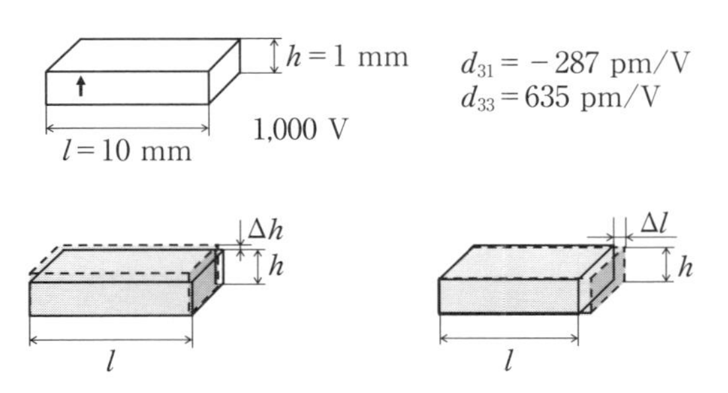

図 3.13

$$\Delta h = d_{33}V = 635 \times 10^{-12} \times 1{,}000 = 0.635\ \mu\text{m}$$

圧電横効果の場合は

$$\Delta h = d_{31}l(V/h) = -287 \times 10^{-12} \times 10 \times 1{,}000 = -2.87\ \mu\text{m}$$

圧電縦効果および圧電横効果の場合ひずみはそれぞれ 0.064% および 0.029% である．

〈例題 3.3〉

図 3.14 のように，圧電定数 $d_{15} = 930$ pm/V である長さ $l = 10$ mm，厚さ $h = 1$ mm の圧電セラミックスに 1,000 V の電圧を印加する．電極は分極軸に平行な面に対向して形成してある．図(左)は底面を，図(右)は側面を固定した状態である．このとき，圧電セラミックスの変位量を求め，ひずみを比較せよ．

〈解答〉

図 3.12 より，底面固定では，

$$\Delta h = d_{15}l(V/h) = 930 \times 10^{-12} \times 10 \times 1{,}000/1 = 9.3\ \mu\text{m}$$

また，側面固定では，

$$\Delta h = d_{15}V = 930 \times 10^{-12} \times 1{,}000 = 0.93\ \mu\text{m}$$

底面固定と側面固定のひずみは，ともに 0.093% となり，等しい．

圧電セラミックスのせん断効果をアクチュエータとして利用する際には，印加電圧

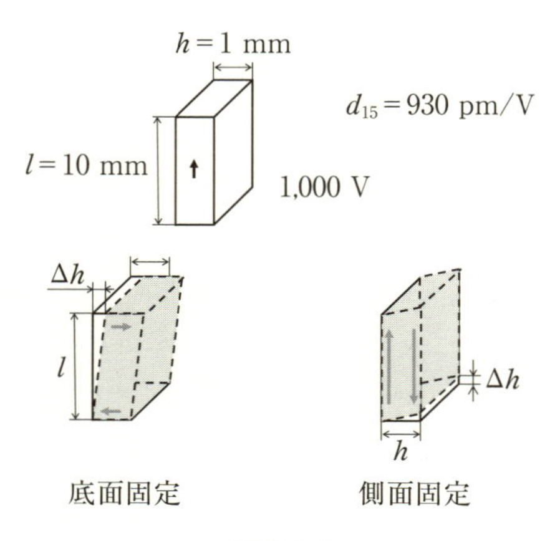

図 3.14

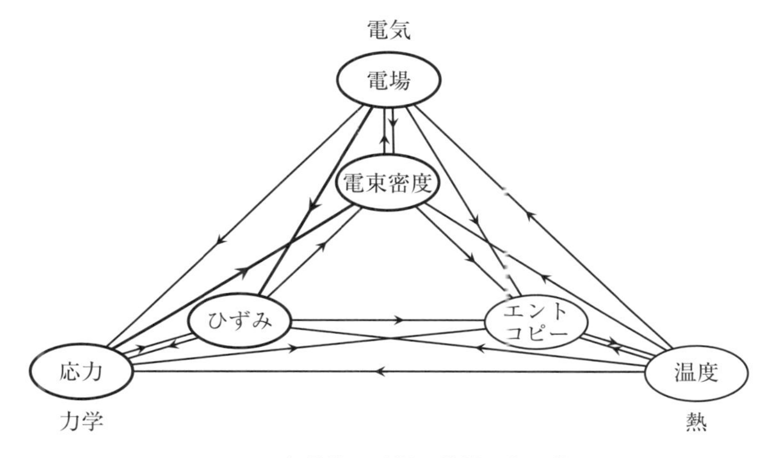

図 3.15　力学場・電場・熱場の相互作用

の大きさに注意する必要がある．圧電セラミックスは，強誘電体であるため，抗電場以上の電圧を印加すると，自発分極の向きが変わってしまうためである．また，一般的な圧電セラミックスの圧電定数には $d_{15} \approx 3d_{31}$，$d_{33} \approx 2d_{31}$ すなわち $d_{15} > d_{33} > d_{31}$ といった傾向があり，さらに，ひずみは電場 1 kV/mm の負荷に対し 0.1% 程度であるので，変形量は 1 mm の長さに対し 0.1 μm，10 mm に対し 1.0 μm となる．これらの関係や値は設計の目安となっている．

図 3.15 は力学場・電場・熱場の相互作用を示したものである[5, 6]．図中の三角形の外側の○で囲まれたパラメータが示強変数(状態量が系の大きさに依存しない)，内側の○で囲まれているパラメータが示量変数(状態量が系の大きさに比例する)で，それらが線形関係の係数で結びつけられている．太線の関係が圧電性を示す．右下の○は温度である．水晶の共振周波数は温度変化に対しほとんど変化しないこと，チタン酸バリウムは誘電率の温度係数の改善過程から発見されていることからも，温度のパラメータの重要性が理解できる．製品開発では，温度は忘れてはいけないパラメータである．

【コラム 3.1】 圧電式インクジェットヘッド

一般的な圧電セラミックスの性質は，構成方程式のマトリックスで表されるため，一見複雑そうに見えます．しかし，分極軸に対する対称性からマトリックスは単純化され，圧電 d 定数が d_{33}，d_{31}，d_{15} の3つになることは3.4.3項で説明した通りです．それぞれのモードでアクチュエータを設計することができます．圧電材料は，電場に比例してひずむので，微細なひずみを精密に制御することが可能です．制御可能な変位はナノメートル(nm)のオーダーで，そのため，圧電アクチュエータは微細加工技術に必要不可欠なデバイスとなっています．電場でひずむ逆圧電効果の3つの変形モードをうまく利用したデバイスとして，微小な液滴を吐出する圧電式インクジェットヘッドがあります．その各モードのヘッドの模式図を以下に示します．

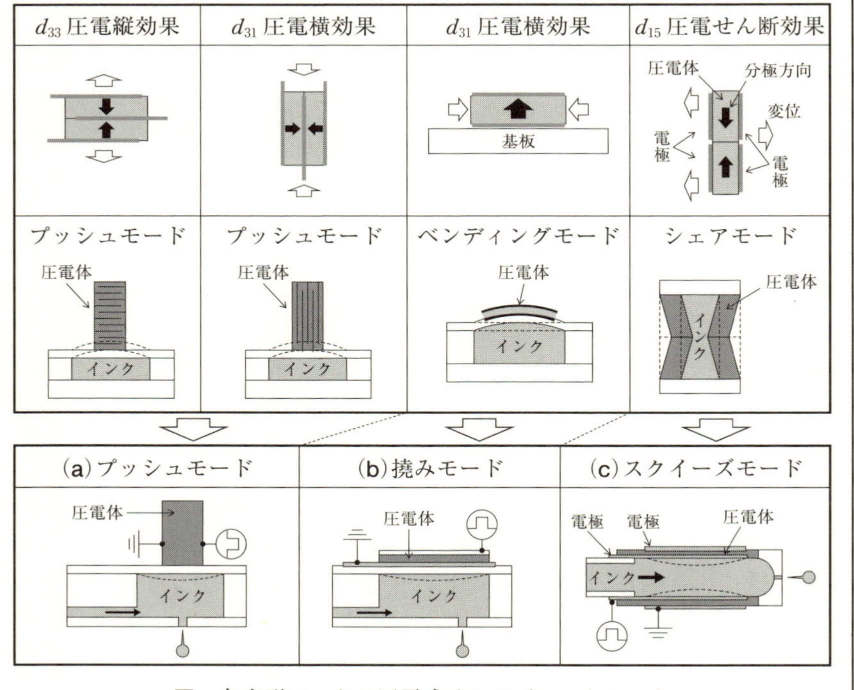

図　各変形モードの圧電式インクジェットヘッド

インクジェット技術を使用したプリンタは，家庭で年賀状や写真の印刷で使用されています．

写真画質で印刷を可能にするためには，人間の目による視覚解像度 400 dpi (dot per inch ≒ 1 ドット約 65 μm の大きさ)よりも微細な液滴で画像を印刷する必要があり，このため，厚さが数十 μm の圧電厚膜をアレイ状に高密度に配列したマイクロアクチュエータが開発されました．

このインクジェット技術により，自宅での高画質印刷が手軽に行えるようになったわけです．当初はインクの吐出口密度が 120 dpi，約 0.3 mm のピッチとなるようにアクチュエータが形成されていましたが[7]，現在では，製品カタログによると，圧電薄膜を微細にパターニングする圧電 MEMS(Microelectromechanical Systems)技術により 300 dpi(約 0.085 mm ピッチ：シャープペンシルの 0.5 mm 芯の太さに約 6 個)の配列で圧電アクチュエータが形成されています．圧電式インクジェットは，インク種の選択肢が広いため，織物へのテキスタイル印刷や電極印刷などの産業用途でも使用されています．

2010 年，京都産業大学で「インクジェット開発物語：なぜ，エプソンとキヤノンだけがインクジェットの商品化に成功し市場で先行できたのか」という講演が行われました[8]．技術的要因として，他社と違いガラスでヘッドを作っていたこと(インクの不具合が見えるため，素早い対策が打てた)をあげています．技術的要因のほかに，エプソンの圧電式インクジェットの開発成功を支えた背景には，水晶を利用したクォーツ時計，圧電式ドットインパクトプリンタなど，他の圧電製品が利益を生み出していたことと，それを成功させたリーダー(元のチャンピオン)が温かく見守ってくれたことをあげています．

【参考資料】日本セラミックス協会誌[7]，小藤治彦[8]より．

3.5 支配方程式

3.5.1 準静電場

物体に外力を与えると変形し，外力を取り除くと元の形に戻る．この性質を**弾性**(elasticity)といい，弾性を示す物体は**弾性体**(elastic body)と呼ばれる．また，弾性体に生じる波を**弾性波**(elastic wave)という．圧電体も弾性を示すが，力学場と電場が連成する．しかしながら，圧電体に生じる弾性波は電磁波に比べて十分遅いので，準性的な近似を行うことができる．この場合，電気的な物理量は時間とは無関係である．したがって，**Maxwellの方程式**(Maxwell's equation)は次のように記述することができる．

$$\nabla \times \boldsymbol{E} = 0 \tag{3.59}$$

$$\nabla \cdot \boldsymbol{D} = q_{\mathrm{f}} \tag{3.60}$$

ここで，q_{f} は**自由電荷密度**(free charge density)である．式(3.59)，(3.60)は，ベクトルの成分を用いて

$$\begin{aligned} \frac{\partial E_3}{\partial x_2} - \frac{\partial E_2}{\partial x_3} &= 0 \\ \frac{\partial E_1}{\partial x_3} - \frac{\partial E_3}{\partial x_1} &= 0 \\ \frac{\partial E_2}{\partial x_1} - \frac{\partial E_1}{\partial x_2} &= 0 \end{aligned} \tag{3.61}$$

$$\frac{\partial D_1}{\partial x_1} + \frac{\partial D_2}{\partial x_2} + \frac{\partial D_3}{\partial x_3} = q_{\mathrm{f}} \tag{3.62}$$

と書くことができ，次のように総和規約を用いて示すこともできる．

$$\varepsilon_{ijk} \frac{\partial E_k}{\partial x_j} = 0 \tag{3.63}$$

$$\frac{\partial D_i}{\partial x_i} = q_{\mathrm{f}} \tag{3.64}$$

ここで，**交代記号**(permutation symbol)ε_{ijk} は次式で定義される．

$$\varepsilon_{ijk} = \begin{cases} +1 & ijk\text{が } 123, 231, 312\text{のとき} \\ -1 & ijk\text{が } 321, 213, 132\text{のとき} \\ \ \ 0 & \text{上記以外} \end{cases} \tag{3.65}$$

電場の強さベクトルの成分 E_i は**静電ポテンシャル**(electric potential)ϕ を用いて次のように表すことができる．

$$E_1 = -\frac{\partial \phi}{\partial x_1}$$

$$E_2 = -\frac{\partial \phi}{\partial x_2}$$

$$E_3 = -\frac{\partial \phi}{\partial x_3} \tag{3.66}$$

または

$$E_i = -\frac{\partial \phi}{\partial x_i} \tag{3.67}$$

3.5.2　力学場

圧電体の**運動方程式**(dynamic balance equation)は，**線形弾性論**(linear elasticity)を用いて容易に導くことができる．ここでは，次式のように結果のみを示す．

$$\frac{\partial \sigma_{11}}{\partial x_1} + \frac{\partial \sigma_{21}}{\partial x_2} + \frac{\partial \sigma_{31}}{\partial x_3} + f_1 = \rho \frac{\partial^2 u_1}{\partial t^2}$$

$$\frac{\partial \sigma_{12}}{\partial x_1} + \frac{\partial \sigma_{22}}{\partial x_2} + \frac{\partial \sigma_{32}}{\partial x_3} + f_2 = \rho \frac{\partial^2 u_2}{\partial t^2}$$

$$\frac{\partial \sigma_{13}}{\partial x_1} + \frac{\partial \sigma_{23}}{\partial x_2} + \frac{\partial \sigma_{33}}{\partial x_3} + f_3 = \rho \frac{\partial^2 u_3}{\partial t^2} \tag{3.68}$$

ここで，f_i は単位体積当たりの**物体力**(body force)の x_i 軸方向成分，u_i は変位ベクトルの成分，ρ は**質量密度**(mass density)，t は時間である．また，総和規約を用いると，式(3.68)は以下のようになる．

$$\frac{\partial \sigma_{ji}}{\partial x_j} + f_i = \rho \frac{\partial^2 u_i}{\partial t^2} \tag{3.69}$$

微小変形の場合，変位ベクトルを用いると，ひずみは次式で与えられる．

$$\varepsilon_{11} = \frac{\partial u_1}{\partial x_1}, \quad \varepsilon_{22} = \frac{\partial u_2}{\partial x_2}, \quad \varepsilon_{33} = \frac{\partial u_3}{\partial x_3}$$

$$\varepsilon_{23} = \frac{1}{2}\left(\frac{\partial u_2}{\partial x_3} + \frac{\partial u_3}{\partial x_2}\right)$$

$$\varepsilon_{31} = \frac{1}{2}\left(\frac{\partial u_3}{\partial x_1} + \frac{\partial u_1}{\partial x_3}\right)$$

$$\varepsilon_{12} = \frac{1}{2}\left(\frac{\partial u_1}{\partial x_2} + \frac{\partial u_2}{\partial x_1}\right) \tag{3.70}$$

または

$$\varepsilon_{ij} = \frac{1}{2}\left(\frac{\partial u_i}{\partial x_j} + \frac{\partial u_j}{\partial x_i}\right) \tag{3.71}$$

3.5.3　連成問題の微分方程式と境界条件

式(3.67)，(3.71)を構成方程式(3.30)，(3.31)に代入し，運動方程式(3.68)，Gaussの方程式(3.64)に代入すると，次式が得られる．

$$c^{\mathrm{E}}_{ijkl}\frac{\partial^2 u_k}{\partial x_i \partial x_l} + e_{kij}\frac{\partial^2 \phi}{\partial x_i \partial x_k} + f_j = \rho\frac{\partial^2 u_j}{\partial t^2} \tag{3.72}$$

$$e_{ikl}\frac{\partial^2 u_k}{\partial x_i \partial x_l} - \epsilon^{\mathrm{S}}_{il}\frac{\partial^2 \phi}{\partial x_i \partial x_l} - q_{\mathrm{f}} = 0 \tag{3.73}$$

具体的に書けば，

$$D_{11}u_1 + D_{12}u_2 + D_{13}u_3 + D_{14}\phi + f_1 = \rho\frac{\partial^2 u_1}{\partial t^2}$$

$$D_{21}u_1 + D_{22}u_2 + D_{23}u_3 + D_{24}\phi + f_2 = \rho\frac{\partial^2 u_2}{\partial t^2}$$

$$D_{31}u_1 + D_{32}u_2 + D_{33}u_3 + D_{33}\phi + f_3 = \rho\frac{\partial^2 u_3}{\partial t^2} \tag{3.74}$$

$$D_{41}u_1 + D_{42}u_2 + D_{43}u_3 + D_{44}\phi + q_{\mathrm{f}} = 0 \tag{3.75}$$

となり，$D_{ij} = D_{ji}$を満足している．ここで，D_{ij}は，直交異方性を示す圧電体(例えば$mm2$系)の場合は次式で与えられ，

$$D_{11} = c^{\mathrm{E}}_{11}\frac{\partial^2}{\partial x_1^2} + c^{\mathrm{E}}_{66}\frac{\partial^2}{\partial x_2^2} + c^{\mathrm{E}}_{55}\frac{\partial^2}{\partial x_3^2}, \quad D_{12} = (c^{\mathrm{E}}_{12} + c^{\mathrm{E}}_{66})\frac{\partial^2}{\partial x_1 \partial x_2},$$

$$D_{13} = (c^{\mathrm{E}}_{13} + c^{\mathrm{E}}_{55})\frac{\partial^2}{\partial x_1 \partial x_3}, \qquad D_{14} = (e_{31} + e_{15})\frac{\partial^2}{\partial x_2 \partial x_3},$$

$$D_{22} = c^{\mathrm{E}}_{66}\frac{\partial^2}{\partial x_1^2} + c^{\mathrm{E}}_{22}\frac{\partial^2}{\partial x_2^2} + c^{\mathrm{E}}_{44}\frac{\partial^2}{\partial x_3^2}, \quad D_{23} = (c^{\mathrm{E}}_{23} + c^{\mathrm{E}}_{44})\frac{\partial^2}{\partial x_2 \partial x_3},$$

$$D_{24}=(e_{32}+e_{24})\frac{\partial^2}{\partial x_2\partial x_3},\qquad D_{33}=c^{\mathrm{E}}_{55}\frac{\partial^2}{\partial x_1^2}+c^{\mathrm{E}}_{44}\frac{\partial^2}{\partial x_2^2}+c^{\mathrm{E}}_{33}\frac{\partial^2}{\partial x_3^2},$$

$$D_{34}=e_{15}\frac{\partial^2}{\partial x_1^2}+e_{24}\frac{\partial^2}{\partial x_2^2}+e_{33}\frac{\partial^2}{\partial x_3^2},\quad D_{44}=-\epsilon^{\mathrm{S}}_{11}\frac{\partial^2}{\partial x_1^2}-\epsilon^{\mathrm{S}}_{22}\frac{\partial^2}{\partial x_2^2}-\epsilon^{\mathrm{S}}_{33}\frac{\partial^2}{\partial x_3^2} \tag{3.76}$$

横等方性を示す圧電体(例えば $6mm$ 系)の場合には

$$D_{11}=c^{\mathrm{E}}_{11}\frac{\partial^2}{\partial x_1^2}+c^{\mathrm{E}}_{66}\frac{\partial^2}{\partial x_2^2}+c^{\mathrm{E}}_{44}\frac{\partial^2}{\partial x_3^2},\quad D_{12}=\frac{c^{\mathrm{E}}_{12}+c^{\mathrm{E}}_{11}}{2}\frac{\partial^2}{\partial x_1\partial x_2},$$

$$D_{13}=(c^{\mathrm{E}}_{13}+c^{\mathrm{E}}_{44})\frac{\partial^2}{\partial x_1\partial x_3},\qquad D_{14}=(e_{31}+\epsilon_{15})\frac{\partial^2}{\partial x_2\partial x_3},$$

$$D_{22}=c^{\mathrm{E}}_{66}\frac{\partial^2}{\partial x_1^2}+c^{\mathrm{E}}_{11}\frac{\partial^2}{\partial x_2^2}+c^{\mathrm{E}}_{44}\frac{\partial^2}{\partial x_3^2},\quad D_{23}=(c^{\mathrm{E}}_{13}+c^{\mathrm{E}}_{44})\frac{\partial^2}{\partial x_2\partial x_3},$$

$$D_{24}=(e_{31}+e_{15})\frac{\partial^2}{\partial x_2\partial x_3},\qquad D_{33}=c^{\mathrm{E}}_{44}\left(\frac{\partial^2}{\partial x_1^2}+\frac{\partial^2}{\partial x_2^2}\right)+c^{\mathrm{E}}_{33}\frac{\partial^2}{\partial x_3^2},$$

$$D_{34}=e_{15}\left(\frac{\partial^2}{\partial x_1^2}+\frac{\partial^2}{\partial x_2^2}\right)+e_{33}\frac{\partial^2}{\partial x_3^2},\quad D_{44}=-\epsilon^{\mathrm{S}}_{11}\left(\frac{\partial^2}{\partial x_1^2}+\frac{\partial^2}{\partial x_2^2}\right)-\epsilon^{\mathrm{S}}_{33}\frac{\partial^2}{\partial x_3^2} \tag{3.77}$$

となる.

力学的境界条件(mechanical boundary condition)は次式で与えられ,

$$\left.\begin{aligned}\sigma_{11}n_1+\sigma_{21}n_2+\sigma_{31}n_3&=\bar{T}_1\\ \sigma_{12}n_1+\sigma_{22}n_2+\sigma_{32}n_3&=\bar{T}_2\\ \sigma_{13}n_1+\sigma_{23}n_2+\sigma_{33}n_3&=\bar{T}_3\end{aligned}\right\}\quad (S_\sigma)$$

$$u_1=\bar{u}_1,\quad u_2=\bar{u}_2,\quad u_3=\bar{u}_3\quad (S_{\mathrm{u}}) \tag{3.78}$$

総和規約を用いると次のように書くことができる.

$$\sigma_{ji}n_j=\bar{T}_i\quad (S_\sigma)$$

$$u_i=\bar{u}_i\quad (S_{\mathrm{u}}) \tag{3.79}$$

ここで,n_j は,**図 3.16**(a)に示すように,圧電体の全境界表面 $S=S_\sigma+S_{\mathrm{u}}$ に垂直な単位ベクトル $\boldsymbol{n}$ の成分,S_σ および S_{u} はそれぞれ表面応力ベクトル $\bar{T}_i$ および変位ベクトル $\bar{u}_i$ が規定されている表面を示す.表面応力ベクトルは弾性論の慣習から**表面力**(surface traction)と呼ばれる.

電気的境界条件(electrical boundary condition)は

$$D_in_i=D_1n_1+D_2n_2+D_3n_3=-\bar{Q}_{\mathrm{f}}\quad (S_{\mathrm{D}})$$

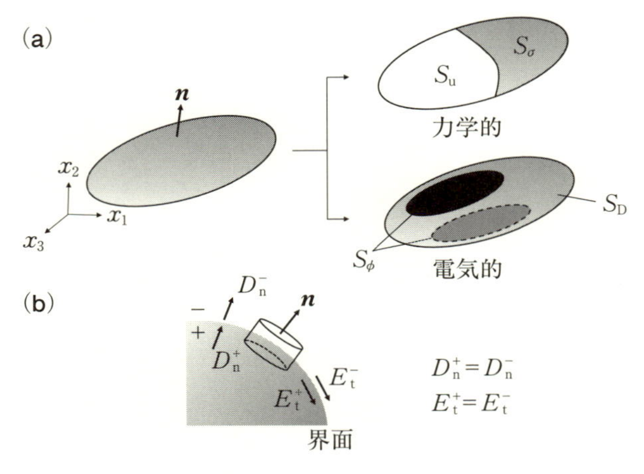

図 3.16　圧電体の境界

$$\phi = \bar{\phi} \quad (S_\phi) \tag{3.80}$$

で与えられる．ここで，$\bar{Q}_f$ は印加する**表面自由電荷**(surface free charge)，$\bar{\phi}$ は印加する電位であり，また，S_D は表面 S 上の電極がない面，S_ϕ は S 上の電極表面を表す．電極面 S_ϕ 上の全電荷は

$$Q = \int_{S_\phi} n_i D_i \, dS = \int_{S_\phi} (n_1 D_1 + n_2 D_2 + n_3 D_3) dS \tag{3.81}$$

から求めることができる．また，電極から生じる電流は次式で与えられる．

$$I = \frac{\partial Q}{\partial t} \tag{3.82}$$

電極が電気回路に接続されている場合は，回路方程式を考慮する必要がある．なお，S 上(界面)では，電場の強さベクトルの接線方向成分の連続性と電束密度ベクトルの法線方向成分の連続性を満たす(図 3.16(b)参照)．

〈例題 3.4〉

i, j, k が 1, 2, 3 の場合, (a) $\varepsilon_{ijk}\varepsilon_{kji}=-6$, (b) $\nabla\times\boldsymbol{A}=\varepsilon_{ijk}(\partial A_k/\partial x_j)\boldsymbol{e}_i$ であることを示せ.

〈解答〉

(a) 式(3.65)から

$$\varepsilon_{111}=\varepsilon_{222}=\varepsilon_{333}=\varepsilon_{112}=\varepsilon_{113}=\varepsilon_{221}=\varepsilon_{223}=\varepsilon_{331}=\varepsilon_{332}=0$$

を考慮すると

$$\begin{aligned}\varepsilon_{ijk}\varepsilon_{kji}&=\varepsilon_{1jk}\varepsilon_{kj1}+\varepsilon_{2jk}\varepsilon_{kj2}+\varepsilon_{3jk}\varepsilon_{kj3}\\&=(\varepsilon_{123}\varepsilon_{321}+\varepsilon_{132}\varepsilon_{231})+(\varepsilon_{231}\varepsilon_{132}+\varepsilon_{213}\varepsilon_{312})+(\varepsilon_{312}\varepsilon_{213}+\varepsilon_{321}\varepsilon_{123})\\&=(-2)\times 3\end{aligned}$$

(b)

$$\nabla\times\boldsymbol{A}=\begin{vmatrix}\boldsymbol{e}_1 & \boldsymbol{e}_2 & \boldsymbol{e}_3\\ \dfrac{\partial()}{\partial x_1} & \dfrac{\partial()}{\partial x_2} & \dfrac{\partial()}{\partial x_3}\\ A_1 & A_2 & A_3\end{vmatrix}$$

と

$$\begin{aligned}\varepsilon_{ijk}\left(\frac{\partial A_k}{\partial x_j}\right)\boldsymbol{e}_i&=\left(\varepsilon_{123}\frac{\partial A_3}{\partial x_2}+\varepsilon_{132}\frac{\partial A_2}{\partial x_3}\right)\boldsymbol{e}_1+\left(\varepsilon_{231}\frac{\partial A_1}{\partial x_3}+\varepsilon_{213}\frac{\partial A_3}{\partial x_1}\right)\boldsymbol{e}_2\\&\quad+\left(\varepsilon_{312}\frac{\partial A_2}{\partial x_1}+\varepsilon_{321}\frac{\partial A_1}{\partial x_2}\right)\boldsymbol{e}_3\\&=\left(\frac{\partial A_3}{\partial x_2}-\frac{\partial A_2}{\partial x_3}\right)\boldsymbol{e}_1+\left(\frac{\partial A_1}{\partial x_3}-\frac{\partial A_3}{\partial x_1}\right)\boldsymbol{e}_2+\left(\frac{\partial A_2}{\partial x_1}-\frac{\partial A_1}{\partial x_2}\right)\boldsymbol{e}_3\end{aligned}$$

から容易に導ける.

3.6 電気機械結合係数

外力が圧電体をある量だけ変形させるとき, それまでにする仕事を圧電体自身に蓄えられるエネルギーとして考えることができる. これを**弾性ひずみエネルギー**(elastic strain energy)という. 式(3.6)が成り立つ限り, 引張荷重を受ける圧電体の垂直応力 σ_{33} はひずみ 0 から ε_{33} まで線形的に増加する. このとき, 圧電体には単位体積あたり $\sigma_{33}\varepsilon_{33}/2$ の弾性ひずみエネルギーが蓄えられている. これは**弾性ひずみエネ**

ルギー密度(elastic strain energy density)と呼ばれ，三次元の応力状態では

$$W^{\mathrm{mech}}=\frac{1}{2}\sigma_{ij}\varepsilon_{ij}=\frac{1}{2}(\sigma_{11}\varepsilon_{11}+\sigma_{22}\varepsilon_{22}+\sigma_{33}\varepsilon_{33}+2\sigma_{23}\varepsilon_{23}+2\sigma_{31}\varepsilon_{31}+2\sigma_{12}\varepsilon_{12}) \tag{3.83}$$

となる．電場と力学場の相互作用を示す圧電体には，同様に**静電エネルギー**(electrostatic energy)も蓄えられ，単位体積当たりの静電エネルギーは

$$W^{\mathrm{elec}}=\frac{1}{2}D_iE_i=\frac{1}{2}(D_1E_1+D_2E_2+D_3E_3) \tag{3.84}$$

となり，これを**静電エネルギー密度**(electrostatic energy density)という．

一般に，力学的エネルギーから電気的エネルギーへの変換効率またはその逆の変換を調べるには，**電気機械結合係数**(electromechanical coupling factor) k_{ij}(厳密には k_{ij}^2)が用いられる[9]．力学的負荷が圧電体に作用する場合，k_{ij}^2 は次のように定義される．

$$k_{ij}^2=\frac{\text{蓄えられた静電エネルギー密度}}{\text{与えられた弾性ひずみエネルギー密度}} \tag{3.85}$$

また，電気的負荷が作用する場合は，

$$k_{ij}^2=\frac{\text{蓄えられた弾性ひずみエネルギー密度}}{\text{与えられた静電エネルギー密度}} \tag{3.86}$$

で与えられる．電気機械結合係数 k_{ij}^2 あるいは k_{ij} は，弾性コンプライアンス係数や誘電率の異なる圧電体の間で性能を比較する際に有用となる．

いま，**図3.17**(左)に示すように，上向きを x_3 方向とし，圧電体に圧縮荷重を与える一次元問題を考える．圧電体は x_3 軸に垂直な面に置かれていると仮定する．構成方程式(3.36)および(3.37)において，関連する電気力学場は ε_{33}，σ_{33}，D_3 および E_3 だけである．したがって，一次元の構成方程式

$$\varepsilon_{33}=s_{33}^{\mathrm{E}}\sigma_{33}+d_{33}E_3 \tag{3.87}$$

$$D_3=d_{33}\sigma_{33}+\epsilon_{33}^{\mathrm{T}}E_3 \tag{3.88}$$

で挙動を記述することができる．

2個の式に対して変数が4個存在するので，既知の物理量が2個の場合に残りの変数が求まる．図3.17の初期状態Oでは，圧電体に力学的負荷も電気的負荷も作用していないので，$\varepsilon_{33}=\sigma_{33}=D_3=E_3=0$ が成り立つ．圧電体に**電気的短絡**(short-circuit)すなわち $E_3=0$ の状態で x_3 方向に圧縮荷重を増加させていくと(O→A)，応力 σ_{33} が発生して状態Aで最大 $\sigma_{33}=-\sigma_0$ となる．式(3.87)，(3.88)から，そのときのひずみは $\varepsilon_{33}=-\varepsilon_0=-s_{33}^{\mathrm{E}}\sigma_0$，電束密度は $D_3=-D_0=-d_{33}\sigma_0$ と求まる．した

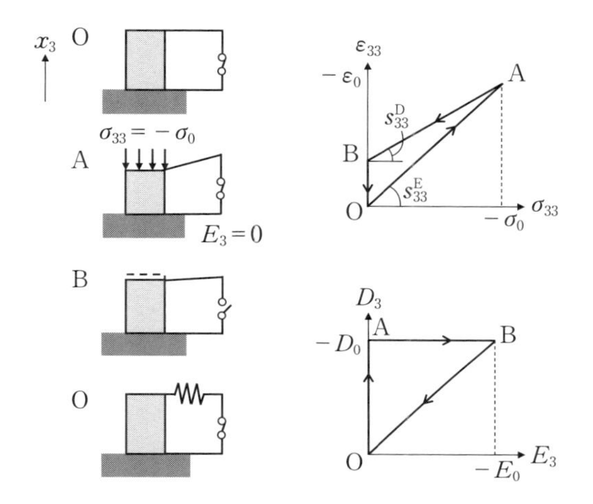

図 3.17　力学的負荷を受ける圧電体に蓄えられる電気力学エネルギー

がって，このとき圧電体に蓄えられる弾性ひずみエネルギー密度式(3.83)は

$$W^{\mathrm{mech}} = \frac{1}{2}\sigma_{33}\varepsilon_{33} = \frac{s_{33}^{\mathrm{E}}\sigma_0^2}{2} \tag{3.89}$$

と求まり，図 3.17(右上)グラフの三角形の面積に等しい．

状態 B では，電気的に開放した後，圧縮応力を除去($\sigma_{33}=0$)している．このとき，電束密度は $D_3 = -d_{33}\sigma_0$ の状態であり，構成方程式(3.87)，(3.88)より，ひずみは $\varepsilon_{33} = -(d_{33}^2/\epsilon_{33}^{\mathrm{T}})\sigma_0$，電場の強さは $E_3 = -E_0 = -(d_{33}/\epsilon_{33}^{\mathrm{T}})\sigma_0$ となる．このとき圧電体から解放される弾性ひずみエネルギー密度は

$$W^{\mathrm{mech}\prime} = \frac{1}{2}\sigma_{33}\varepsilon_{33} = \frac{(s_{33}^{\mathrm{E}} - d_{33}^2/\epsilon_{33}^{\mathrm{T}})\sigma_0^2}{2} = \frac{s_{33}^{\mathrm{D}}\sigma_0^2}{2} \tag{3.90}$$

で与えられる．上式中

$$s_{33}^{\mathrm{D}} = s_{33}^{\mathrm{E}} - \frac{d_{33}^2}{\epsilon_{33}^{\mathrm{T}}} \tag{3.91}$$

は圧電体の**開回路**(open-circuit)状態における弾性コンプライアンス係数である．次に，抵抗に接続して初期状態 O に戻すと，電気力学場は $\varepsilon_{33} = \sigma_{33} = D_3 = E_3 = 0$ となり，圧電体の静電エネルギー密度は次のように計算される．

$$W^{\mathrm{elec}} = \frac{1}{2} D_3 E_3 = \frac{(d_{33}^2/\epsilon_{33}^{\mathrm{T}})\,\sigma_0^2}{2} \tag{3.92}$$

したがって，式(3.85)より，電気機械結合係数は

$$k_{33}^2 = \frac{W^{\mathrm{elec}}}{W^{\mathrm{mech}}} = \frac{d_{33}^2}{s_{33}^{\mathrm{E}}\epsilon_{33}^{\mathrm{T}}} \tag{3.93}$$

と求まる．

一方，状態Oから状態Bへの変化を考える．この場合，圧電体に作用する力学的負荷は W^{mech} であり，そのあと $W^{\mathrm{mech}\prime}$ を開放するので，圧電体に蓄積されるエネルギー密度は次のように引き算して得られる．

$$W^{\mathrm{mech}} - W^{\mathrm{mech}\prime} = \frac{(s_{33}^{\mathrm{E}} - s_{33}^{\mathrm{D}})\,\sigma_0^2}{2} = W^{\mathrm{elec}} \tag{3.94}$$

これは三角形OABの面積に相当する．状態Oから状態Bへの変化で蓄えられた弾性ひずみエネルギー密度は，状態Bから状態Oへの変化で開放される静電エネルギー密度に等しい．

〈例題 3.5〉

図 3.18 に示すような圧電体の電気力学的負荷を考える．状態Oにおける電気力学場は $\varepsilon_{33} = \sigma_{33} = D_3 = E_3 = 0$ で与えられる．圧電体に状態Aで電場 $E_3 = E_0$ を負荷し，状態Bでは抵抗を負荷して厚さ方向に変形を拘束する．最後に，力学的拘束と電場を取り除き，初期状態Oすなわち $\varepsilon_{33} = \sigma_{33} = D_3 = E_3 = 0$ に戻す．このとき，次の問いに答えよ．

(1) 状態Aで圧電体に蓄えられる静電エネルギー密度を求めよ．

(2) 状態Bから状態Oにいたる間に圧電体から解放される弾性ひずみエネルギー密度を求めよ．

(3) 電気機械結合係数を決定せよ．

(4) 状態Oから状態Bへの変化で蓄えられた静電エネルギー密度が状態Bから状態Oまでの間に解放された弾性ひずみエネルギー密度に等しいことを示せ．

〈解答〉

(1) 状態Aでは，構成方程式(3.87)，(3.88)から $\varepsilon_{33} = \varepsilon_0 = d_{33} E_0$ および $D_3 = D_0 = \epsilon_{33}^{\mathrm{T}} E_0$ が得られる．式(3.84)より，静電エネルギー密度は

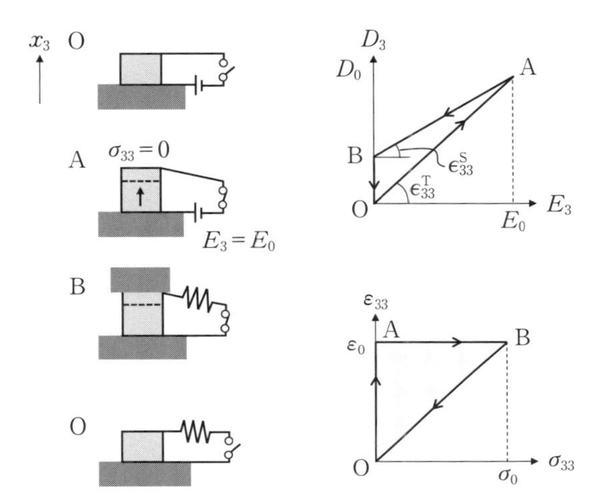

図 3.18 電気的負荷を受ける圧電体に蓄えられる電気力学エネルギー

$$W^{\mathrm{elec}}=\frac{\epsilon_{33}^{\mathrm{T}}E_0^2}{2}$$

(2) 状態 B では，電場は 0 $(E_3=0)$，ひずみは一定 $(\varepsilon_{33}=d_{33}E_0)$ で，応力は $\sigma_{33}=(d_{33}/s_{33}^{\mathrm{E}})E_0$ と変化する．したがって，圧電体が状態 B から状態 O に変化する間に解放される弾性ひずみエネルギー密度は

$$W^{\mathrm{mech}\prime}=\frac{d_{33}^2E_0^2}{2s_{33}^{\mathrm{E}}}$$

(3) 式 (3.86) より電気機械結合係数は

$$k_{33}^2=\frac{d_{33}^2}{s_{33}^{\mathrm{E}}\epsilon_{33}^{\mathrm{T}}}$$

(4) 状態 B では，電束密度は $D_3=(d_{33}^2/s_{33}^{\mathrm{E}})E_0$ となる．状態 A から状態 B まで抵抗が解放する静電エネルギー密度は

$$W^{\mathrm{elec}\prime}=\frac{\epsilon_{33}^{\mathrm{S}}E_0^2}{2}$$

ここで

$$\epsilon_{33}^{\mathrm{S}}=\epsilon_{33}^{\mathrm{T}}-\frac{d_{33}^{2}}{s_{33}^{\mathrm{E}}}$$

蓄えられた静電エネルギー密度は

$$W^{\mathrm{elec}}-W^{\mathrm{elec}\prime}=\frac{(\epsilon_{33}^{\mathrm{T}}-\epsilon_{33}^{\mathrm{S}})E_{0}^{2}}{2}=W^{\mathrm{mech}\prime}$$

【参考文献】

[1] 岡崎清，「セラミック誘電体工学」，1969，学献社．
[2] 成田史生，大宮正毅，荒木稚子，「楽しく学ぶ破壊力学」，2020，朝倉書店．
[3] F. Narita and Z. Wang, "Piezoelectric Materials, Composites, and Devices: Fundamentals, Mechanics, and Application", 2025, Elsevier.
[4] H. F. Tiersten, "Linear Piezoelectric Plate Vibrations", 1969, Plenum Press.
[5] J. F. Nye, "Physical Properties of Crystals", 1957, Oxford Press.
[6] 池田拓郎，「圧電材料学の基礎」，1984，オーム社．
[7] "インクジェットプリンターヘッド"，セラミックスアーカイブス，日本セラミックス協会誌 **42**(2007) 51-53.
[8] 小藤治彦，「インクジェット開発物語：なぜ，エプソンとキヤノンだけがインクジェットの商品化に成功し市場で先行できたのか」，京都産業大学マネジメント研究会，京都マネジメント・レビュー **21**(2012) 115-130, https://ksu.repo.nii.ac.jp/records/2294
[9] IEEE Standard on Piezoelectricity Standards, 1988.

第4章 圧電振動

4

圧電体を伝播する弾性波は圧電効果によって電気的な場を伴う．本章では，圧電体の振動について考える．

4.1 振動モード

物体が平衡の状態を中心にほぼ一定の周期で揺れ動くことを**振動**(vibration)という．振動は，物体に何らかの外力が作用した際に，その物体が元の状態に戻ろうとすることで生じる物理現象である．物体の振動によって空気などの媒体中を伝わる波を**音波**(acoustic wave)といい，これも振動現象の1つである．広い意味では，空気中だけでなく一般の気体，液体および固体に生じる**弾性波**(elastic wave)を総称して音波という．

振動は気体，液体，固体でそれぞれ伝搬特性が異なる．振動は気体では減衰しやすく，水中では減衰しにくい．気体と液体での振動は，液体の表面を除けばほとんどの場合，**縦波**(longitudinal wave)である．

固体では縦波，**横波**(transverse wave)に加え，**表面波**(surface wave)など様々な振動モードがある．それぞれの振動モードの**音速**(acoustic velocity)がわかれば，周波数 f と**波長**(wave length)λ の関係を利用することで，低周波から高周波までの広い帯域で周波数を選択するデバイスが設計できる．圧電体の振動モードと共振周波数帯域を整理したものを**図 4.1** に示す．

4.1.1 長さ振動

図 4.2 に示すように，直交座標系 O-x_1, x_2, x_3 において，長さ l の圧電板を考え，電極を付けて厚さ方向に**振幅**(amplitude)E_0，**角振動数**(angular frequency)$\omega = 2\pi f$ (f は周波数で単位は Hz)の交流電場 $E_3 = E_0 e^{j\omega t}$ ($j^2 = -1$)を負荷する．x_1-x_2 平面と板中央面を一致させ，この面に垂直な x_3 軸を分極方向とする．

圧電板が非常に細長い場合，すべての電気力学場が x_1 のみに依存し，一次元問題

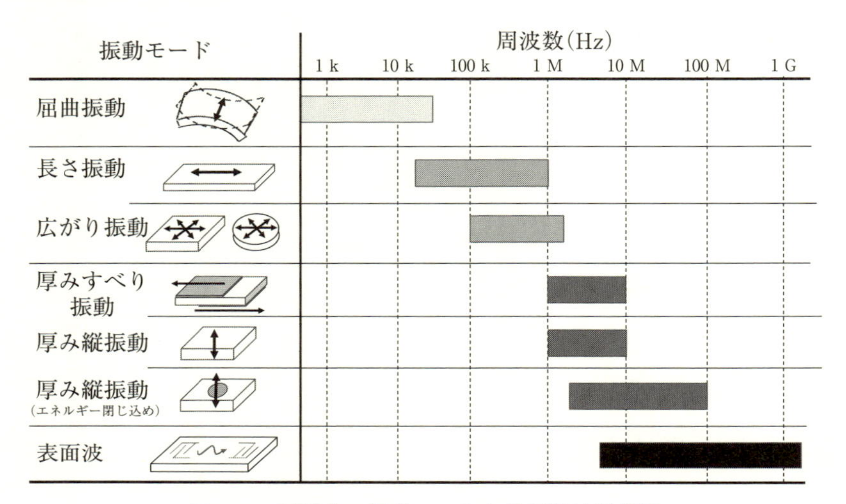

図 4.1　圧電体の振動モードと共振周波数帯域

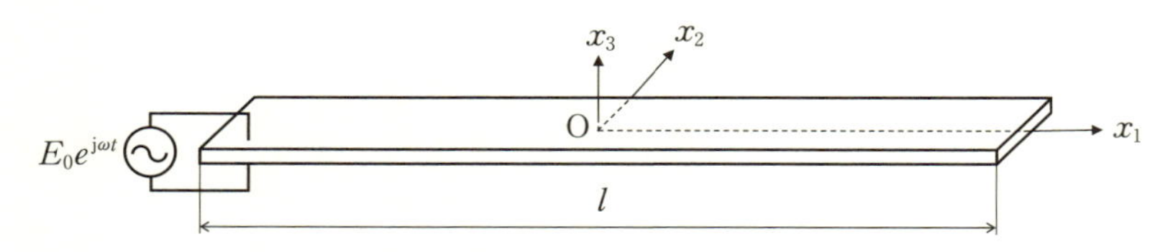

図 4.2　圧電板の長さ振動(横効果伸び振動)

となる．また，幅と厚さが小さいため，σ_{11} 以外の応力も無視することができる．したがって，構成方程式(3.36)，(3.37)において，関連する電気力学場は $\varepsilon_{11}, \sigma_{11}, D_3, E_3$ のみであるため，一次元の構成方程式

$$\varepsilon_{11} = s_{11}^{\mathrm{E}}\sigma_{11} + d_{31}E_3 \tag{4.1}$$

$$D_3 = d_{31}\sigma_{11} + \epsilon_{33}^{\mathrm{T}}E_3 \tag{4.2}$$

で挙動を記述できる．電極上の電位は等しいので，電気的境界条件である式(3.80)の第2式より，$\partial E_3/\partial x_1 = 0$ を満たす．したがって，運動方程式(3.68)の第1式(式(3.74)の第1式)は，物体力を無視すると，次のように表すことができる．

$$\frac{1}{s_{11}^{\mathrm{E}}}\frac{\partial^2 u_1}{\partial x_1^2} = \rho\frac{\partial^2 u_1}{\partial t^2} \tag{4.3}$$

なお，電気的短絡の状態では $E_3=0$ となり，電極がない場合，すなわち開回路状態の場合は式(3.80)の第1式より $D_3=0$ となる．力学的境界条件は式(3.78)の第1式より

$$\sigma_{11}(-l/2)=0, \quad \sigma_{11}(l/2)=0 \tag{4.4}$$

となる．

式(4.3)の一般解は次のように与えられる．

$$u_1=\left(C_1 \sin\frac{\omega x_1}{v}+C_2 \cos\frac{\omega x_1}{v}\right)e^{\mathrm{j}\omega t} \tag{4.5}$$

ここで，C_1, C_2 は未知係数，v は圧電板内の長さ方向の波の**伝播速度**(wave velocity)または音速であり，次式のように求まる．

$$v=\frac{1}{\sqrt{\rho s_{11}^{\mathrm{E}}}} \tag{4.6}$$

調和励振(harmonic excitation)の交流電場 $E_3=E_0\epsilon^{\mathrm{j}\omega t}$ を考えているので，境界条件式(4.4)から解(4.5)は次のようになる．

$$u_1=\frac{d_{31}}{k}\frac{\sin kx_1}{\cos(kl/2)}E_0 e^{\mathrm{j}\omega t} \tag{4.7}$$

ここで，$k=\omega/v$ は**波数**(wave number)である．また，ひずみと電束密度は次のように求まる．

$$\varepsilon_{11}=d_{31}\frac{\cos kx_1}{\cos(kl/2)}E_0 e^{\mathrm{j}\omega t} \tag{4.8}$$

$$D_3=\left[\frac{d_{31}^2}{s_{11}^{\mathrm{E}}}\frac{\cos kx_1}{\cos(kl/2)}+\epsilon_{33}^{\mathrm{T}}(1-k_{31}^2)\right]E_0 e^{\mathrm{j}\omega t} \tag{4.9}$$

ここで，k_{31}^2 は，電気機械結合係数であり，次のように得られる．

$$k_{31}^2=\frac{d_{31}^2}{s_{11}^{\mathrm{E}}\epsilon_{33}^{\mathrm{T}}} \tag{4.10}$$

4.1.2　縦振動

図 4.3 に示すような長さ l の細長い圧電棒に，電極を付けて長さ方向の交流電場 $E_3=E_0e^{\mathrm{j}\omega t}$ を負荷する場合を考える．分極は x_3 方向である．棒の長さが直径よりはるかに大きい場合，式(3.36)，(3.37)の電気力学場は $\varepsilon_{33}, \sigma_{33}, D_3, E_3$ のみとなり，一次元の構成方程式は式(3.87)および式(3.88)で与えられる．

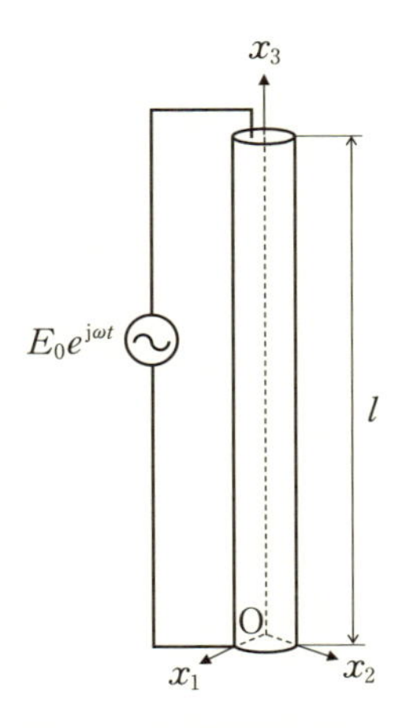

図 4.3　圧電棒の縦振動

$\partial D_3/\partial x_3=0$ を考慮し，式(3.91)を用いると，運動方程式(3.68)の第3式(式(3.74)の第3式)は物体力を無視して次のように表される．

$$\frac{1}{s_{33}^{\mathrm{D}}}\frac{\partial^2 u_3}{\partial x_3^2}=\rho\frac{\partial^2 u_3}{\partial t^2} \tag{4.11}$$

また，力学的境界条件は式(3.78)の第3式より

$$\sigma_{33}(0)=0, \quad \sigma_{33}(l)=0 \tag{4.12}$$

で与えられる．

境界条件(4.12)を考慮し，調和励振 $E_3=E_0e^{j\omega t}$ とすると，前節と同様に微分方程式(4.11)の解 u_3 が容易に得られ，ひずみと電束密度は次のように求まる．

$$\varepsilon_{33}=d_{33}\left(\cos kx_3-\tan\frac{kl}{2}\sin kx_3\right)E_0e^{j\omega t} \tag{4.13}$$

$$D_3=\left[\frac{d_{33}^2}{s_{33}^{\mathrm{E}}}\left(\cos kx_3-\tan\frac{kl}{2}\sin kx_3\right)+\epsilon_{33}^{\mathrm{T}}(1-k_{33}^2)\right]E_0e^{j\omega t} \tag{4.14}$$

また，圧電棒の長さ方向の伝播速度 $v=\omega/k$ は次のように得られる．

$$v=\frac{1}{\sqrt{\rho s_{33}^{\mathrm{D}}}} \tag{4.15}$$

4.1.3 厚みすべり振動

図 4.4 に示すように，厚さ h の圧電板に厚さ方向に交流電場 $E_3=E_0e^{j\omega t}$ を負荷する場合を考える．x_2-x_3 平面と板中央面を一致させ，x_1 軸はこの面に垂直であると仮定する．また，分極方向を x_3 軸と一致させる．

分極に垂直な方向に電場が作用しているので，図 3.7(中)のような変形挙動を示し，板は**厚みせん断**(thickness-shear)振動状態にある．したがって，式(3.36)-(3.39)において，電気力学場は $\varepsilon_{31}=\varepsilon_{13}$，$\sigma_{31}=\sigma_{13}$，$D_1$，$E_1$ となる．この場合，一次元の構成方程式は

$$\varepsilon_{13}=s_{55}^{\mathrm{E}}\sigma_{13}+d_{15}E_1 \tag{4.16}$$

$$D_1=d_{15}\sigma_{13}+\epsilon_{11}^{\mathrm{T}}E_1 \tag{4.17}$$

または

$$\sigma_{13}=2c_{55}^{\mathrm{E}}\varepsilon_{13}+e_{15}E_1 \tag{4.18}$$

$$D_1=2e_{15}\varepsilon_{13}+\epsilon_{11}^{\mathrm{S}}E_1 \tag{4.19}$$

で与えられる．

$\partial D_1/\partial x_1=0$ を考慮すると，運動方程式(3.68)の第 3 式(式(3.74)の第 3 式)は次のように表される．

$$c_{55}^{\mathrm{D}}\frac{\partial^2 u_3}{\partial x_1^2}=\rho\frac{\partial^2 u_3}{\partial t^2} \tag{4.20}$$

上式中の c_{55}^{D} は

$$c_{55}^{\mathrm{D}}=c_{55}^{\mathrm{E}}+\frac{e_{15}^2}{\epsilon_{11}^{\mathrm{S}}}=\frac{1}{s_{55}^{\mathrm{E}}(1-k_{15}^2)} \tag{4.21}$$

で与えられ，電気機械結合係数は

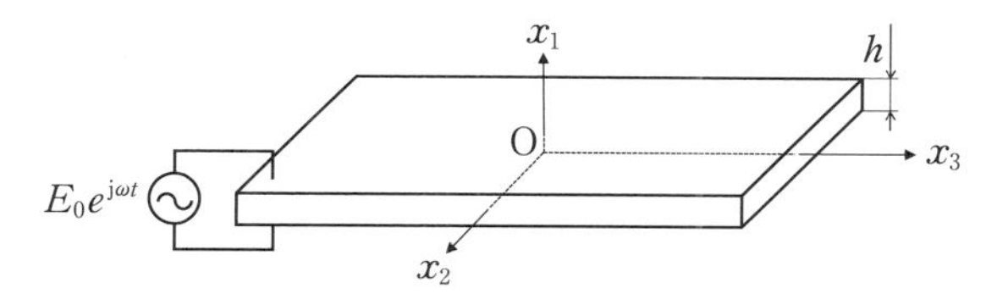

図 4.4 圧電板の厚みすべり振動

$$k_{15}^2 = \frac{d_{15}^2}{s_{55}^{\mathrm{E}} \epsilon_{11}^{\mathrm{T}}} \tag{4.22}$$

となる．また，力学的境界条件は式(3.78)の第3式より

$$\sigma_{13}(-h/2) = 0, \quad \sigma_{13}(h/2) = 0 \tag{4.23}$$

で与えられる．

境界条件(4.23)を考慮し，調和励振 $E_1 = E_0 e^{\mathrm{j}\omega t}$ とすると，前節と同様に微分方程式(4.20)の解 u_3 が容易に得られ，ひずみと電束密度は

$$\varepsilon_{13} = -\frac{e_{15} \cos kx_1}{2c_{55}^{\mathrm{D}} \cos(kt/2)} E_0 e^{\mathrm{j}\omega t} \tag{4.24}$$

$$D_1 = \left[-\frac{e_{15}^2 \cos kx_1}{c_{55}^{\mathrm{D}} \cos(kt/2)} + \epsilon_{11}^{\mathrm{S}} \right] E_0 e^{\mathrm{j}\omega t} \tag{4.25}$$

となる．また，圧電板の厚み方向の伝播速度 $v = \omega/k$ は

$$v = \sqrt{\frac{c_{55}^{\mathrm{D}}}{\rho}} \tag{4.26}$$

と求まる．

〈例題 4.1〉

図 4.4 のように厚みすべり振動下の圧電板を考え，上下両面の電極面積を A，電極間距離を h とする．また，波長 $\lambda = 2h$，**定在波**(standing wave)条件(振幅が同じ場所で繰り返され，波の進行が止まっているように見える現象)で，板の表面と振動の腹の位置を一致させる．いま，圧電板と同じ電気力学特性をもつ異なる物質を均一な層として板表面に積層し，厚さの変化を Δh とするとき，重さの変化 Δm を求めよ．

〈解答〉

式(4.26)より，共振状態の周波数は

$$f_0 = \frac{v}{\lambda} = \frac{\sqrt{c_{55}^{\mathrm{D}}/\rho}}{2h} \tag{ⓐ}$$

厚さの変化 Δh は周波数の変化 Δf をもたらすので，

$$\frac{\Delta f}{f_0} = -\frac{\Delta h}{h} \tag{ⓑ}$$

質量変化 Δm は体積変化 $A\Delta h$ と密度 ρ を用いて

$$\Delta m = \rho A \Delta h \qquad ⓒ$$

式ⓑ，ⓒを式ⓐに代入すると

$$\Delta f = -\frac{2f_0^2}{A\sqrt{\rho c_{55}^{\mathrm{D}}}}\Delta m$$

上式は**水晶振動子マイクロバランス**((quartz crystal microbalance)**法**，QCM 法)を用いたバイオセンサの重量変化と周波数変化の関係式としてよく知られている[1]．

〈例題 4.2〉

直交座標系 O-x_1, x_2, x_3 において，圧電効果を無視した等方性の媒質を考える．縦弾性係数を E，横弾性係数を G，ポアソン比を ν として，次の問いに答えよ．

(1) 流体中に伝播する波の音速は次式で与えられる．

$$v = \frac{\omega}{k} = \sqrt{\frac{K}{\rho}}$$

上式中の**体積弾性係数**(bulk modulus)K を求めよ．

(2) 均質等方性弾性体の二次元平面ひずみ問題を考える．物体力を無視すると，運動方程式(3.74)は次のように与えられる．

$$G\left(\frac{\partial^2 u_1}{\partial x_1^2} + \frac{\partial^2 u_1}{\partial x_2^2}\right) + \frac{G}{1-2\nu}\left(\frac{\partial^2 u_1}{\partial x_1^2} + \frac{\partial^2 u_2}{\partial x_1 \partial x_2}\right) = \rho\frac{\partial^2 u_1}{\partial t^2}$$

$$G\left(\frac{\partial^2 u_2}{\partial x_1^2} + \frac{\partial^2 u_2}{\partial x_2^2}\right) + \frac{G}{1-2\nu}\left(\frac{\partial^2 u_1}{\partial x_2 \partial x_1} + \frac{\partial^2 u_2}{\partial x_2^2}\right) = \rho\frac{\partial^2 u_2}{\partial t^2} \qquad ⓐ$$

縦波と横波の音速を求め，細長い棒を伝播する縦波の音速と比較せよ．また，均質等方半無限体の自由表面に生じる**レイリー波**(Rayleigh wave)の音速を $\nu = 1/4$ を仮定して求めよ．

〈解答〉

(1) 等方性弾性体に静水圧 $-p$ が作用する場合を考える．$\sigma_{11} = \sigma_{22} = \sigma_{33} = -p$，$\sigma_{23} = \sigma_{31} = \sigma_{12} = 0$ とすると，式(3.54)を用いて

$$\varepsilon_{11} + \varepsilon_{22} + \varepsilon_{33} = \frac{1-2\nu}{E}(\sigma_{11} + \sigma_{22} + \sigma_{33}) = -\frac{3(1-2\nu)}{E}p$$

したがって

$$K = \frac{E}{3(1-2\nu)}$$

(2) x_1 方向に伝播する平面波として縦波を考え，変位成分を $u_1 = u_{10}\exp[j(kx_1-\omega t)]$，$u_2=u_3=0$ と仮定する．これを運動方程式ⓐに代入し，関係式 $G=E/\{2(1+\nu)\}$ を用いると，

$$v_L = \frac{\omega}{k} = \sqrt{\frac{E}{\rho}\frac{1-\nu}{(1+\nu)(1-2\nu)}}$$

地震学ではこの波を**一次波**(primary wave)または**P**(push)**波**と呼んでいる．次に，x_1 方向に伝播する平面波として横波を考え，変位成分を $u_2=u_{20}\exp[j(kx_1-\omega t)]$，$u_1=u_3=0$ と仮定すると，同様に

$$v_T = \frac{\omega}{k} = \sqrt{\frac{G}{\rho}} = \sqrt{\frac{E}{\rho}\frac{1}{2(1+\nu)}}$$

この波は**二次波**(secondary wave)または S(shake)**波**と呼ばれ，**SV 波**(SV wave)でもある．一方，式(4.26)の波は **SH 波**(SH wave)と呼ばれている．細長い棒を伝播する縦波の音速は，式(4.6)に式(3.56)の第1式を代入して，

$$v = \frac{\omega}{k} = \sqrt{\frac{E}{\rho}}$$

と求まる．

最後に，弾性半無限空間 $x_2 \ll 0$ を考える．x_1 方向に伝播する表面波の変位成分を $u_1=u_{10}\exp(\gamma x_2)\exp[j(kx_1-\omega t)]$，$u_2=u_{20}\exp(\gamma x_2)\exp[j(kx_1-\omega t)]$，$u_3=0$ と仮定する．ただし，係数 γ は正の実数である．これを運動方程式ⓐに代入し，自由表面 $(x_2=0)$ における境界条件 $\sigma_{21}=\sigma_{22}=0$ を用いると，

$$\left(2-\frac{v^2}{v_T^2}\right)^2 = 4\sqrt{1-\frac{v^2}{v_L^2}}\sqrt{1-\frac{v^2}{v_T^2}}$$

上式を有利化し，ポアソン比 $\nu=1/4$ を仮定すると，γ は正の実数であることを考慮して

$$v_R \approx 0.919\, v_T$$

これらの解は，線形弾性論[2]に基づいている．

4.2　誘電損失と機械的品質係数

誘電損失(dielectric loss)とは，誘電体に交流電場が作用するとき，内部でエネルギーの一部が熱として失われる現象である．一般に，電束密度 $\boldsymbol{D}$ と電場 $\boldsymbol{E}$ の関係は

式(3.2)で与えられる．いま，交流電場が作用する場合を考えると，交流電場 $\boldsymbol{E}$ は複素数となる．$\boldsymbol{D}$ と $\boldsymbol{E}$ の比例係数である誘電率 ϵ は，損失がない場合に実数であり，損失がある場合には，複素数 $\epsilon=\epsilon'-\mathrm{j}\epsilon''$ となる．誘電損失は

$$\tan\delta=\frac{\epsilon''}{\epsilon'} \tag{4.27}$$

で与えられ，δ は**損失角**(loss angle)と呼ばれる．

通常，角振動数 ω の交流電場 $\boldsymbol{E}$ を圧電体に印加すると，電束密度 $\boldsymbol{D}$ は，電場 $\boldsymbol{E}$ と同時に発生することができず，損失角 δ だけ遅れて生じる．このため，**位相**(phase)差が生じる．すなわち，式(4.27)で与えられる損失角 δ は電束密度 $\boldsymbol{D}$ と電場 $\boldsymbol{E}$ の位相差である．この損失が何らかの作用によって熱に変換される．

誘電損失と同様，圧電体は**弾性損失**(elastic loss)を示し，これは**機械的損失**(mechanical loss)として知られている．すなわち，交流電場によって発生する応力に対し，ひずみは δ_m の位相差を生じる．弾性損失は，材料の内部摩擦の結果であり，次式で表される．

$$\tan\delta_\mathrm{m}=\frac{1}{Q_\mathrm{m}} \tag{4.28}$$

ここで，Q_m は**機械的品質係数**(mechanical quality factor)と呼ばれ，蓄えられるエネルギーを一周期の間に散逸するエネルギーで割ったものに等しい．したがって，この値が大きいほど機械的損失が小さく，振動が安定であることを意味する．4.3節で述べるが，振動の鋭さを表す無次元量である．

〈例題 4.3〉

交流電場 $|E|e^{\mathrm{j}\omega t}$ が作用している圧電体を考える．振幅 $|D|$ の電束密度が電場の負荷と同時に起こらず時間 $\tau=\delta/\omega$ だけ遅れて生じるとき，誘電損失の式(4.27)を誘導せよ．

〈解答〉

電束密度は $|D|e^{\mathrm{j}\omega(t-\tau)}$ で表される．式(3.2)を用いると

$$\epsilon=\frac{|D|e^{\mathrm{j}\omega(t-\tau)}}{|E|e^{\mathrm{j}\omega t}}=\frac{|D|e^{\mathrm{j}\omega t}e^{-\mathrm{j}\omega\tau}}{|E|e^{\mathrm{j}\omega t}}=\frac{|D|}{|E|}e^{-\mathrm{j}\omega\tau}=\frac{|D|}{|E|}(\cos\omega\tau-\mathrm{j}\sin\omega\tau)$$

上式と，$\epsilon=\epsilon'-\mathrm{j}\epsilon''$ および $\tau=\delta/\omega$ から，式(4.27)が得られる．

【コラム 4.1】 圧電振動と機械的品質係数 Q_{m}

本章では，圧電デバイスの設計で必要な機械的品質係数というパラメータの算出方法を解説しています．このパラメータは実用上どのような意味をもつのでしょうか．

圧電材料は逆圧電効果により負荷電場に比例してひずみます．この電場を与える周波数を圧電体の固有振動数に合わせると変位が増加することはコラム1.2の水中音響への応用で紹介しました．この共振周波数で振動変位が増加する大きさを表す指標が，機械的品質係数 Q_{m} になります．振動変位が理論的に Q_{m} 倍に増加することを確認してみましょう．

下図に示すような x 方向に振動している質量 m の圧電振動子を考えてみます．圧電体単体では，弾性変形によるバネの力(バネ定数 k)，振動速度に比例して減衰するダンピングの力(減衰係数 c)により，自由減衰してしまいますので，定常振動させるために外部から周期的な力を加える必要があります．このため，図のように $F\cos\omega t$ の外力を与えています．

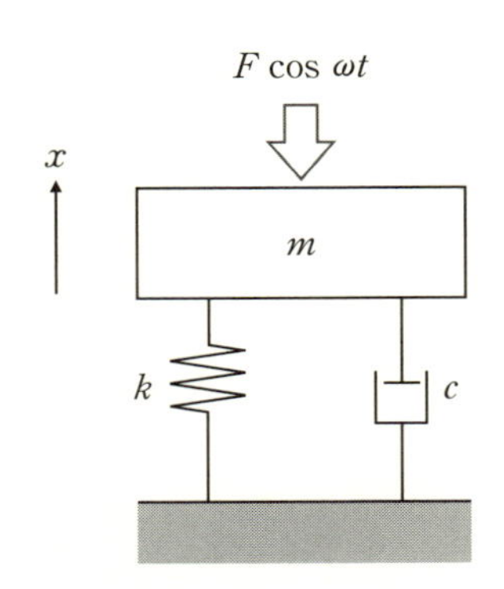

図　圧電振動子のモデル

このとき，変位を x とおくと，運動方程式は

$$m\frac{\partial^2 x}{\partial t^2} + c\frac{\partial x}{\partial t} + kx = F\cos\omega t \qquad ①$$

となります．微分方程式①を解くために，圧電体の定常振動の式を次のように仮定する．

$$x = x_a \cos(\omega t - \alpha)$$

振幅 x_a は①の運動方程式より

$$x_a = \frac{1}{\sqrt{(k - m\omega^2)^2 + (c\omega)^2}} F = \frac{1}{\sqrt{[1-(\omega/\omega_0)^2]^2 + [2\zeta(\omega/\omega_0)]^2}} \frac{F}{k}$$

と表されます．ここで，ω_0 は固有振動数，ζ は減衰比です．F/k は静的力 F を加えたときの静的変位量ですから，これを x_s とすれば

$$x_a = \frac{1}{\sqrt{[1-(\omega/\omega_0)^2]^2 + [2\zeta(\omega/\omega_0)]^2}} x_s$$

となります．駆動周波数 ω が共振周波数のとき，$\omega = \omega_0$ ですので

$$\left|\frac{x_a}{x_s}\right|_{max} \approx \frac{1}{2\zeta} = Q_m$$

と近似でき，共振時の振動振幅は静的変位量の Q_m 倍となります．

〈例題 4.4〉

図 3.11 に示すような長さ l，厚さ h の圧電素子に振幅 V_0 の交流電圧を印加して正弦波の振動を与えた場合，周波数を $f = \omega/2\pi$ とすると，変位 δ は

$$\delta = \delta_0 \sin \omega t$$

と表される．ここで，振幅 δ_0 は，最大印加電圧 V_0 のときの変位であり，共振時には Q_m 倍となる（コラム 4.1「圧電振動と機械的品質係数 Q_m」参照）．したがって，共振時における振幅は，圧電縦効果および圧電横効果の場合，それぞれ以下のようになる．

圧電縦効果：$\delta_0 = Q_m d_{33} V$

圧電横効果：$\delta_0 = Q_m d_{31}(l/h) V$

いま，長さ 10 mm，厚さ 1 mm の圧電素子に厚さ方向の最大電圧 10 V を印加して共振振動させる．以下の材質で作製した圧電素子の振幅を求めよ．

材質	圧電定数 d (pm/V)	機械的品質係数 Q_m
水晶	2.3 (d_{11})	1,000,000
ニオブ酸リチウム	−25.6 (d_{23})	20,300
チタン酸ジルコン酸鉛	−135	2,500

〈解答〉

振幅は $\delta_0 = Q_m d_{31}(l/h)V_0$ で与えられるので，それぞれ

水晶	：$1{,}000{,}000 \times 2.3 \times 10^{-12} \times 10 \times 10 = 230\ \mu\text{m}$
ニオブ酸リチウム	：$20{,}300 \times 25.6 \times 10^{-12} \times 10 \times 10 \approx 52\ \mu\text{m}$
チタン酸ジルコン酸鉛	：$2{,}500 \times 135 \times 10^{-12} \times 10 \times 10 \approx 34\ \mu\text{m}$

水晶は Q_m が非常に大きいため，圧電定数が小さくても最大振動変位は大きい．材料の特徴については，第5章で述べる．

4.3　電気的等価回路

圧電デバイスを設計する際，材料特性の把握が不可欠となる．知っておくと都合の良い圧電特性として，縦効果の圧電定数 d_{33} と横効果の圧電定数 d_{31} があげられる．本節では，図4.2に示す圧電板を取りあげ，横効果の振動特性[3]について解説する．

圧電板に交流電圧を印加して周波数 f を変化させると，電流 I および**インピーダンス**(impedance)

$$Z = R + \mathrm{j}X = |Z|\exp(\mathrm{j}\theta) \tag{4.29}$$

が変化する．ここで，インピーダンス Z の実部 R および虚部 X をそれぞれ**抵抗**(resistance)および**リアクタンス**(reactance)という．**図4.5**(a)は圧電振動子の共振周波数近傍におけるインピーダンスの絶対値 $|Z|$ と**位相角**(phase angle)θ の周波数依存性を示したものである．

インピーダンス Z の逆数 $Y = 1/Z$ は，電流 I の流れやすさを表し，**アドミタンス**(admittance)と呼ばれる．アドミタンスは

$$Y = G + \mathrm{j}B = \frac{1}{|Z|}\exp(-\mathrm{j}\theta) \tag{4.30}$$

で与えられ，実部 G を**コンダクタンス**(conductance)，虚部 B を**サセプタンス**(susceptance)という．図4.5(b)は圧電振動子の共振周波数近傍におけるコンダクタンス G とサセプタンス B の周波数依存性を示したものである．

アドミタンスの周波数特性を実軸-虚軸に描くと，**図4.6**のような円になり，これは**動アドミタンス円**(admittance circle)と呼ばれる．この円から様々な特性を知ることができる．

図4.5(a)に示したように，インピーダンス Z は，周波数の増加に伴い減少し，**最**

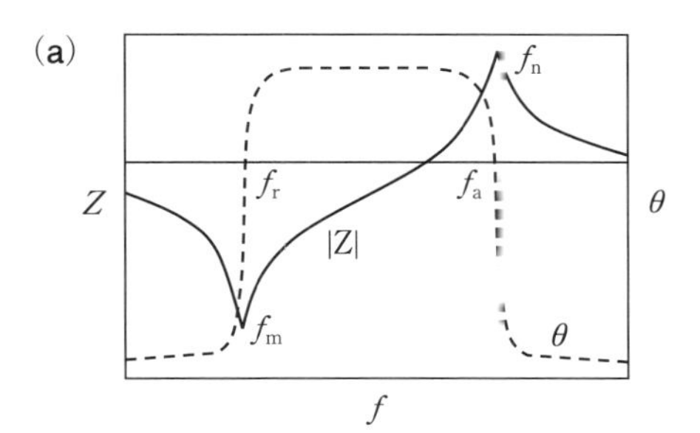

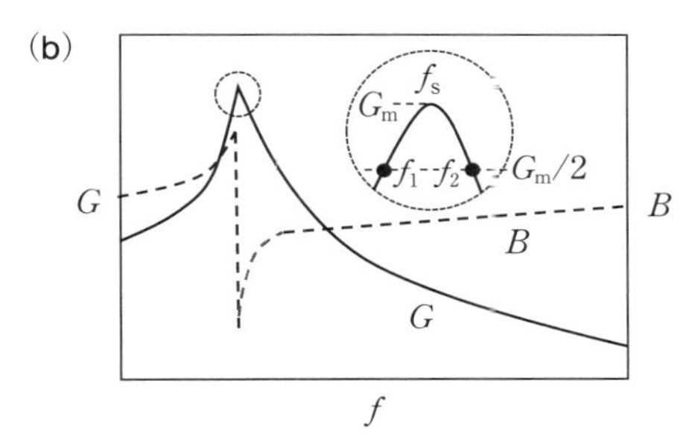

図 4.5　(a)インピーダンスおよび位相特性，(b)コンダクタンスおよびサセプタンス特性

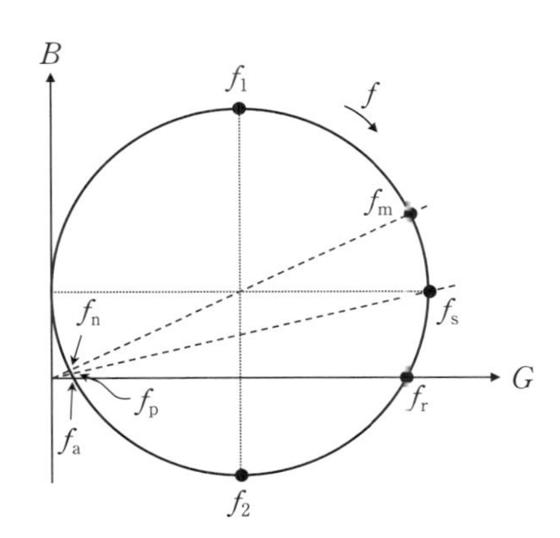

図 4.6　動アドミタンス円

小インピーダンス周波数(minimum impedance frequency)・**最大アドミタンス周波数**(maximum admittance frequency)と呼ばれる f_{m} で最小となる．図 4.6 の原点と中心を結ぶ直線と円との交点である．そして，図 4.5(b)，図 4.6 で示した**直列共振周波**(series resonant frequency)f_{s} でコンダクタンスが最大値 G_{m} を取る．理論上，f_{s} は振動子のインピーダンスが 0 になる周波数で，振動子の等価回路は直列共振回路のように動作する．周波数がさらに増加すると，圧電振動子は，共振周波数 f_{r} で共振を開始し，式(4.7)の変位 u_1 が最大となる．さらに周波数が増加すると，振動子の変位は**反共振**(anti-resonance)と呼ばれる点すなわち**反共振周波数**(anti-resonant frequency)f_{a} で再び大きくなる．図 4.6 の円と実軸との交点である共振周波数 f_{r} および反共振周波数 f_{a} は，図 4.5(a)に示すように振動子の位相 θ が 0 となる周波数であり，このときサセプタンス B も 0 となる．続いて，**並列共振周波数**(parallel resonant frequency)f_{p} で抵抗 R が最大となる．理論的には，f_{p} はインピーダンスが無限大になる周波数で，振動子の等価回路は並列共振回路のように動作する．そして，インピーダンス Z は，**最大インピーダンス周波数**(maximum impedance frequency)・**最小アドミタンス周波数**(minimum admittance frequency)と呼ばれる f_{n} で極大値を示した後，再び減少する．$f_{\mathrm{s}}, f_{\mathrm{p}}$ は原点とコンダクタンスの最大値 G_{m} を結ぶ直線と円との交点である．その他，$G_{\mathrm{m}}/2$ となる**象限周波数**(quadrant frequency)f_1, f_2 が定義でき，このときサセプタンスがそれぞれ最大，最小となり，機械的品質係数の計算によく使用される．多くの圧電振動子では，$f_{\mathrm{m}}, f_{\mathrm{s}}, f_{\mathrm{r}}$ は互いに十分近く，$f_{\mathrm{a}}, f_{\mathrm{p}}, f_{\mathrm{n}}$ も比較的近いため，これらを区別しない場合がある．

図 4.7 は圧電振動子の一般的な**電気的等価回路**(equivalent circuit)を示したものである．ここで，L_1 は**直列インダクタンス**(motional inductance)，C_0, C_1 は，それぞれ**並列容量**(shunt capacitance)，**直列容量**(motional capacitance)，R_1 は**直列抵抗**(motional resistance)である．圧電振動子のアドミタンス Y は次式で与えられる．

$$Y = \mathrm{j}\omega C_0 + \frac{1}{R_1 + \mathrm{j}(\omega L_1 - 1/\omega C_1)} \tag{4.31}$$

直列共振周波数 f_{s} では，等価回路のインピーダンスが最小になるので，R_1を無視すれば，$\omega L_1 = 1/\omega C_1$ から

$$f_{\mathrm{s}} = \frac{1}{2\pi}\sqrt{\frac{1}{L_1 C_1}} \tag{4.32}$$

が得られる．一方，直列共振周波数 f_{s} で，アドミタンス G は最大となるため，G_{m}

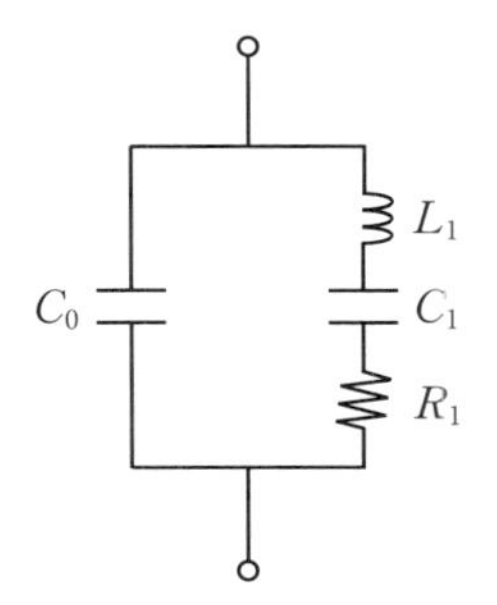

図 4.7　圧電振動子の等価回路

を測定することで，直列抵抗

$$R_1 = \frac{1}{G_m} \tag{4.33}$$

が決定できる．

並列共振周波数 f_p では，等価回路のインピーダンスが最大になるので，同様に R_1 を無視すれば，$j\omega C_0 = 1/j(\omega L_1 - 1/\omega C_1)$ から

$$f_p = \frac{1}{2\pi}\sqrt{\frac{C_1 + C_0}{L_1 C_1 C_0}} \tag{4.34}$$

が得られる．式(4.32)と(4.34)から $C_f = C_0 + C_1$ を考慮すると，次式が得られる．

$$L_1 = \frac{1}{4\pi^2 f_s^2 C_1} \tag{4.35}$$

$$C_1 = C_0\left(\frac{f_p^2}{f_s^2} - 1\right) \tag{4.36}$$

$$C_0 = \frac{f_s^2}{f_p^2} C_f \tag{4.37}$$

電気特性に加え，周波数から機械的品質係数(4.2 節参照)も評価できる．Q_m は，図 4.5(b)に示した共振ピークの鋭さに関係し，直列共振周波数 f_s と周波数の半値幅 $f_2 - f_1$ を用いて次のように計算できる[3]．

$$Q_m = \frac{f_s}{f_2 - f_1} = \frac{1}{2\pi f_s C_1 R_1} \tag{4.38}$$

Q_m が高いほど，ピークが狭くなり，減衰が少なくて共振特性が優れていることを示す．

図 4.2 に示した圧電板の長さ振動モードは単純な振動モードの 1 つであり，材料定数を決定する上で極めて重要である．長さ振動子のアドミタンスは

$$Y = \mathrm{j}\omega \frac{wl\epsilon_{33}^{\mathrm{T}}}{h}\left[(1-k_{31}^2) + k_{31}^2 \frac{\tan\dfrac{kl}{2}}{\dfrac{kl}{2}}\right] \tag{4.39}$$

で与えられる．図 4.5，4.6 より，直列共振周波数 f_{s} で，理論上アドミタンス Y は無限大に発散する．式(4.39)より，$\tan(kl/2)$ が無限大になるときに Y は発散するので，$k=\omega/v=2\pi f/v$ と式(4.6)を用いると，共振周波数 f_{s} は次のように求まる．

$$f_{\mathrm{s}} = \frac{v}{2l} = \frac{1}{2l\sqrt{\rho s_{11}^{\mathrm{E}}}} \tag{4.40}$$

したがって，式(4.40)から，弾性コンプライアンス係数

$$s_{11}^{\mathrm{E}} = \frac{1}{4l^2\rho f_{\mathrm{s}}^2} \tag{4.41}$$

が決定できる．一方，並列共振周波数 f_{p} では，アドミタンス Y は 0 に近づく．Y が 0 のとき，式(4.39)から

$$\frac{k_{31}^2}{k_{31}^2-1} = \frac{\dfrac{\pi f_{\mathrm{p}} l}{v}}{\tan\left(\dfrac{\pi f_{\mathrm{p}} l}{v}\right)} = \frac{\dfrac{\pi}{2}\left(\dfrac{f_{\mathrm{p}}}{f_{\mathrm{s}}}\right)}{\tan\left[\dfrac{\pi}{2}\left(\dfrac{f_{\mathrm{p}}}{f_{\mathrm{s}}}\right)\right]} = \frac{\pi}{2}\left(\frac{f_{\mathrm{p}}}{f_{\mathrm{s}}}\right)\tan\left[\frac{\pi}{2}\left(\frac{\Delta f}{f_{\mathrm{s}}}\right)\right] \tag{4.42}$$

が得られる．ここで，$\Delta f = f_{\mathrm{p}} - f_{\mathrm{s}}$ である．式(4.42)の近似式は

$$\frac{1}{k_{31}^2} = 0.405\left(\frac{f_{\mathrm{s}}}{\Delta f}\right) + 0.595 \tag{4.43}$$

となる．したがって，k_{31} は直列共振周波数 f_{s} と並列共振周波数 f_{p} を用いて求めることができる．また，自由静電容量 C_{f} を測定すれば，誘電率

$$\epsilon_{33}^{\mathrm{T}} = \frac{h}{lw} C_{\mathrm{f}} \tag{4.44}$$

を決めることができる．さらに，式(4.10)から，圧電定数 d_{31} は，弾性コンプライアンス s_{11}^{E}，電気機械結合係数 k_{31}，誘電率 $\epsilon_{33}^{\mathrm{T}}$ を用いて，次のように得られる．

$$d_{31} = k_{31}\sqrt{\epsilon_{33}^{\mathrm{T}} s_{11}^{\mathrm{E}}} \tag{4.45}$$

他の振動モードでも同様の評価が可能である．したがって，共振法では，圧電振動

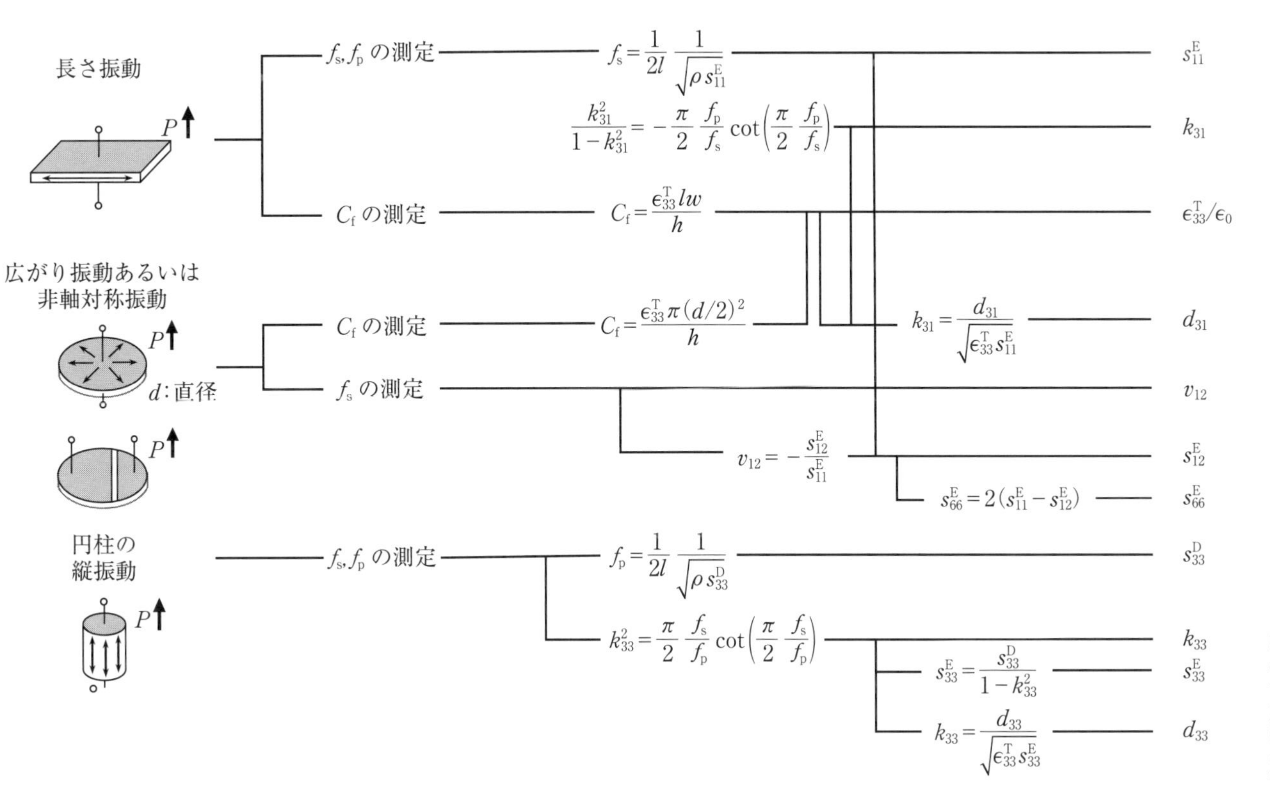

図 4.8　材料定数決定のためのフローチャート(1)

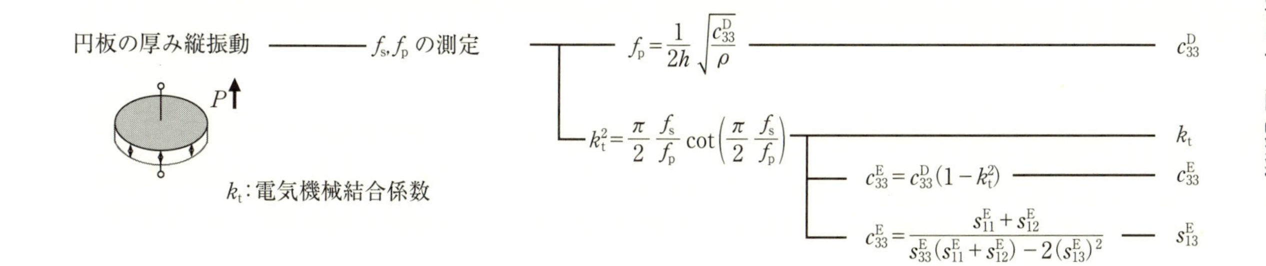

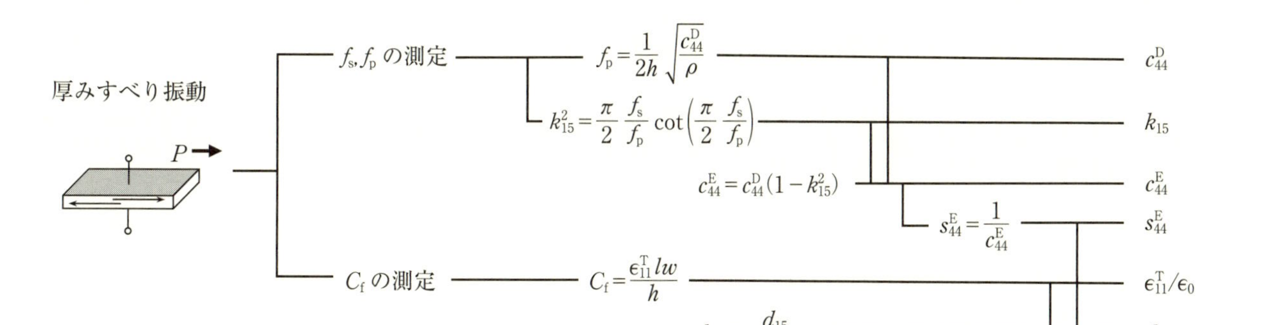

図 4.8　材料定数決定のためのフローチャート(2)

子の形状寸法，直列共振周波数 f_s，並列共振周波数 f_p，密度 ρ，自由静電容量 C_f を測定することで，弾性係数，圧電定数，誘電率，電気機械結合係数を決めることができる．**図 4.8** に代表的な材料定数を決定するためのフローチャート[3]を示している．

圧電定数 d_{33}，d_{31}，d_{15} を決めるには，電気機械結合係数を求めて，それぞれ，式(3.93)，式(4.10)，式(4.22)を用いればよい．

〈例題 4.5〉

図 4.2 のように，厚さ方向に交流電場 $E_0 \exp(\mathrm{j}\omega t) = (V_0/h)\exp(\mathrm{j}\omega t)$ を負荷した圧電板を考える．板厚方向を x_3 軸と仮定する．式(4.9)から式(4.39)を導出せよ．

〈解答〉

式(4.9)を式(3.81)に代入すると，電極上の電荷は

$$Q = \int_{-w/2}^{w/2}\int_{-l/2}^{l/2} D_3 \,\mathrm{d}x_1 \,\mathrm{d}x_2 = \frac{V_0 e^{\mathrm{j}\omega t}}{h}\int_{-w/2}^{w/2}\int_{-l/2}^{l/2}\left[\frac{d_{31}^2}{s_{11}^{\mathrm{E}}}\frac{\cos kx_1}{\cos(kl/2)} + \epsilon_{33}^{\mathrm{T}}(1-k_{31}^2)\right]\mathrm{d}x_1\,\mathrm{d}x_2$$

$$= \frac{V_0 e^{\mathrm{j}\omega t} w}{h}\epsilon_{33}^{\mathrm{T}}\int_{-l/2}^{l/2}\left[k_{31}^2\frac{\cos kx_1}{\cos(kl/2)} + (1-k_{31}^2)\right]\mathrm{d}x_1$$

$$= \frac{V_0 e^{\mathrm{j}\omega t} wl}{h}\epsilon_{33}^{\mathrm{T}}\left[k_{31}^2\frac{\tan(kl/2)}{kl/2} + (1-k_{31}^2)\right]$$

上式を式(3.82)に代入すると

$$I = \mathrm{j}\omega\frac{V_0 e^{\mathrm{j}\omega t} wl}{h}\epsilon_{33}^{\mathrm{T}}\left[k_{31}^2\frac{\tan(kl/2)}{kl/2} + (1-k_{31}^2)\right]$$

上式を交流電圧 $V_0 e^{\mathrm{j}\omega t}$ で割ると，式(4.39)が得られる．

【コラム 4.2】 エネルギー閉じ込め振動の通信フィルタへの応用

図4.1に，圧電体の振動モードと共振周波数帯域の関係を示しました．

圧電体を伝播する波の伝搬速度(音速)vは共振周波数fと波長λの積($v=f\lambda$)となることから，圧電体の寸法形状によって共振周波数が決まることになります．この共振周波数と振動モード方向の寸法との積を周波数定数といいます．共振周波数と寸法を設計する際に使用します．圧電振動では機械的振動を電気的な等価回路で表すことができるので，電気通信の周波数を選択するフィルタへの応用が可能になります．

第二次世界大戦後，通信の分野ではトランジスタの発明によりラジオの小型化が進み，セラミックスと金属の複合体で構成されていたメカニカルフィルタよりも小型化が可能なセラミックフィルタの開発が期待されていました．ラジオはAM，FM兼用の時代となり，455 kHzから10.7 MHzのフィルタの開発が必要とされていましたが，圧電セラミックスの音速は約4,000 m/sですので，0.2 mm程度の厚さのセラミックスが必要となります．当時の材料特性と製造法ではセラミックスが割れやすく，1 MHzが高い周波数の限界だと考えられていました．

そのため，PZTと呼ばれる圧電セラミックスの特許権を保有し日本企業から多額の特許料を得ていたクレバイト社では，セラミックフィルタの量産は不可能との結論を出していたようです[4]．

同じころ日本では，東京大学の尾上守夫先生が，W. Shockley(トランジスタの発明者)からのヒントで展開されたエネルギー閉じ込め理論に多重モード理論を応用した水晶振動子を開発し，その高周波クリスタルフィルタを発表しました．

村田製作所の藤島啓氏はこの理論を聴講し，実現不可能と思われていたセラミックフィルタの開発にこの理論を適用することを考え，挑戦した当時のことを以下のように紹介しています[4]．

「…．そこで電極の大きさ，厚さなど大体の検討をつけて手作りで10.7 MHzのサンプルを試作した．それは2月の寒い冬の真夜中であった．最初の2個の特性を測った時に私は自分の目を疑った．

今まで夢に描いていた10.7 MHzの全く理想的な周波数特性が得られたのである．…(中略)…．これが嘘ではないと判った時，思わず「ザマを見ろ！！」と叫んだ．それは今まで誰も到達できなかった高山の頂上を征服した時の喜びの快哉だった．」

この圧電体中央部に形成した電極の下部に振動を閉じ込めた振動モードをエネルギー閉じ込め振動と呼びます．その振動子の断面構成図を示します[5]．

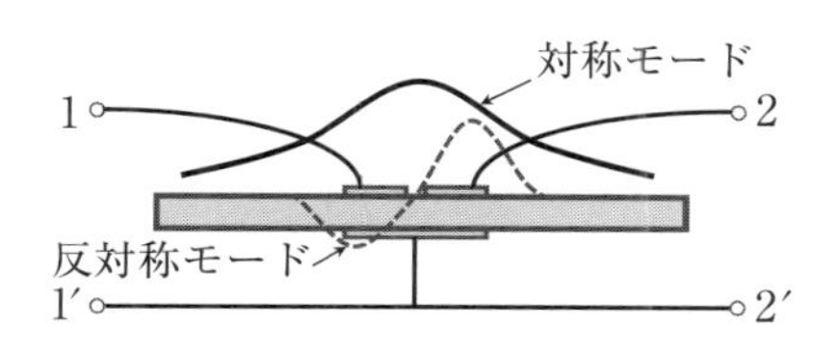

図　エネルギー閉じ込め型振動子

この振動子は1個の共振子に対称モードと反対称モードの2つの共振を励振させる構成の二重モードフィルタになります．中心周波数(特定の周波数を取り出すときのフィルタにおいて下側の遮断周波数と上側の遮断周波数との相加平均または相乗平均)は板の厚さによって決定され，振動は電極を形成した部分のみに閉じ込められ，周辺は振動しないという特徴があります．この特徴を活かしたパッケージ方法が発明され製品化されています．

【参考資料】藤島啓[4]，山田顕[5]より．

【コラム4.3】 日本で発見されたBGS波(表面波)

コラム4.2で示した厚さ振動の二重モードフィルタで周波数帯域を高周波化することが可能になります．しかし，厚みを利用する共振子で高周波化するには，板厚が極端に薄くなってしまいます．そのため，数十MHz以上の高周波帯では，圧電体の表面に一対の電極を櫛歯状に対向させて形成し，圧電体の表面を振動させる**表面波**(**SAW**：Surface Acoustic Wave)を利用したフィルタが使用されています(図4.1参照)．

一般的な表面波はレイリー波(例題4.2(2)参照)と呼ばれ，1885年にL. Rayleighによって理論的に導かれました[6]．一方，日本で発見された振動モードの表面波もあります．圧電セラミックスは分極方向を表面と平行に揃えたものが作製できます．この状態で表面に櫛歯状の電極を形成すると，レイリー波とは全く違ったBGS波という波が起こります．レイリー波は縦波＋横波であるのに対し，BGS波は横波のみで伝搬します．レイリー波は板の端で反射すると振動モードが変わって消えてしまうのに対し，BGS波は振動モードが変わらず，そのまま反射する性質があり，表面波フィルタを小型化することができます．BGSとはブルーシュタイン(アメリカ)，グリヤエフ(ロシア)，清水(日本)の三人の名前を取ったもので1968年に発見された全く新しい波ということになりますが，本当は東北大学の清水洋先生が最初だったとのことです[7]．さらに，フィルタを高周波化する技術として，厚さが数μmのAlN系圧電薄膜によるBAW(Bulk Acoustic Wave)フィルタが使用され，共振周波数は10 GHz帯に及びます．現在のスマホで実用化されています．

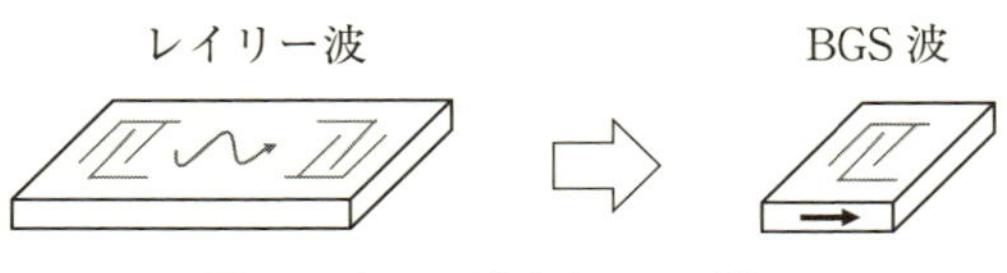

図　レイリー波からBGS波へ

【参考資料】 垣尾省司[6]，藤島啓[7]より．

【参考文献】

[1] G. Sauerbrey, Verwendung von schwingquarzen zur wägung dünner schichten und zur mikrowägung, Zeitschr. Phys. **155** (1959) 206-222.

[2] 進藤裕英,「線形弾性論の基礎」, 2002, コロナ社.

[3] 圧電セラミック振動子の電気的試験方法 EM-4501A, 2015, JEITA.

[4] 藤島啓, セラミックフィルタ,「驚異のチタバリ」, 村田製作所編, 1990, 丸善, p. 249.

[5] 山田顕, BAR フィルタ, 9群8編3章, 弾性波デバイス, 電子情報通信学会「知識ベース」, ver. 1/2019/1/24, pp. 6-11, https://www.ieice-hbkb.org/portal/

[6] 垣尾省司, SAW フィルタ, 9群8編3章, 弾性波デバイス, 電子情報通信学会「知識ベース」, ver. 1/2019/1/24, pp. 2-5, https://www.ieice-hbkb.org/portal/

[7] 藤島啓,「ピエゾセラミックス」, 1993, 裳華房, p. 72.

5

第5章 圧電材料

圧電性を示す材料は単結晶，セラミックスなど多様である．本章では，代表的なものを抽出し，特徴について解説する．

5.1 単結晶

5.1.1 水晶

最初に普及した圧電材料は水晶である．水晶は，**二酸化ケイ素**(silicon dioxide, SiO_2)の単結晶で，焦電性，強誘電性を示さない．融点は1,750℃であり，圧電定数と誘電率は温度安定性に優れている．また，水晶の機械的品質係数は$Q_m > 10^5$と高い．

水晶は，水晶時計，共振器，高周波発振器，変換器などの様々なエレクトロニクス分野で利用されている．

ただし，異方性を示すため天然の水晶を長方形または長円形の薄板に切断し，均一な厚さに加工して利用する必要がある．現在では，天然水晶を種結晶とし，水熱合成法により人工水晶が生産されている．

5.1.2 ニオブ酸リチウム

LNとして知られる**ニオブ酸リチウム**(lithium niobate, $LiNbO_3$)は，水晶に次いで2番目に市場が大きい単結晶で，大型でかつ高品質に作製できる．融点は1,250℃で，高いキュリー点，高い電気機械結合係数，低い誘電損失，安定した結晶物理的および化学的特性，良好な加工性能を示す．

水晶と比較し，LN結晶は，音速が著しく向上するため，高周波デバイスへの応用を可能とする．LN結晶の最も一般的な用途は表面弾性波フィルタである．

5.2　セラミックス

圧電性を示すセラミックスは圧電セラミックスと呼ばれている．セラミックスは，結晶粒が無秩序に配列した多結晶体であり，個々の結晶粒の自発分極ベクトル方向はランダムである(2.4.1 項参照)．したがって，圧電セラミックスを作製した後，各結晶粒の自発分極ベクトル方向を大きな電場を負荷して揃える必要がある(2.4.3 項参照)．

図 5.1 は圧電セラミックスの代表的な結晶構造を示したものである．図 5.1(左)の構造は立方晶($a=b=c$)であり，各頂点には大きい陽イオン A が存在し，中心には小さい陽イオン B が入っている．また，各面の中心には陰イオン(酸素(O)イオン)が配列している．この構造を ABO_3 **ペロブスカイト構造**(perovskite structure)という．立方晶のペロブスカイト結晶は，正電荷が負電荷に対して対称に配列されており，電気的に中性であるため，圧電性を示さない．

圧電セラミックスは，キュリー温度以下で立方晶から正方晶に相転移する場合がある(2.3.4 項参照)．

このとき，図 5.1(右)のように，正電荷を帯びた陽イオン B の対称中心が負電荷を帯びた O イオンの対称中心と一致しないため，電気双極子が生じる．これにより，正方晶の ABO_3 ペロブスカイト構造は圧電性を示す．

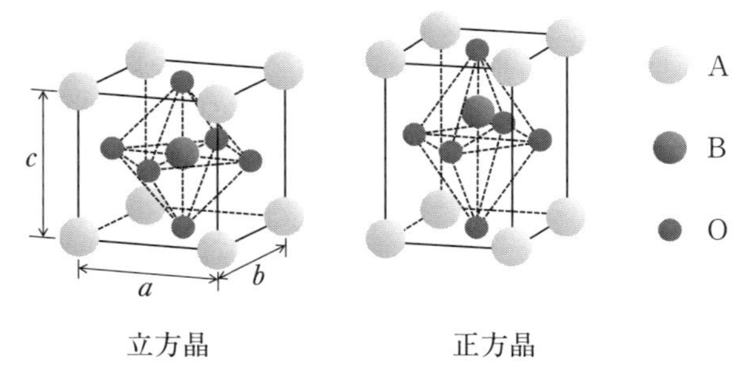

図 5.1　ペロブスカイト構造

5.2.1 チタン酸バリウム

BTO または BT として知られている**チタン酸バリウム**(barium titanate, $BaTiO_3$) は，第二次世界大戦中に高性能な誘電材料として発見された最初の強誘電セラミックスで，ペロブスカイト構造(図 5.1(右))に属し，Ba^{2+} が頂点の A サイトを，Ti^{4+} が中心の B サイトを，O^{2-} が面の中心を占める．BTO は，温度がキュリー点である 120 ℃以上では中心対称性の立方晶相($4mm$)であり，圧電性を示さない．一方，0 ℃ $< T <$ 120 ℃ では正方晶相($4mm$)，-90 ℃ $< T <$ 0 ℃ では斜方晶相($mm2$)，$T < -90$ ℃ では菱面体晶相($3m$)となり，これらの 3 つの相では，負イオン(O^{-2}) と正イオン(Ba^{2+} と Ti^{4+})の中心間の相対的な変位または酸素八面体の傾きによって自発分極が誘発される．

$BaTiO_3$ は，比誘電率が高いため，1950 年代から様々な誘電体コンデンサの主成分として使用されてきている．今日では，従来のキャパシタ用途に加え，非鉛系の圧電センサ，アクチュエータ用材料として有望視されている．原材料が安価であるため，大規模な応用が可能である．

【コラム 5.1】 圧電セラミックスの誕生

終戦間際の1942年ころ，日本，アメリカ，ソビエト(現ロシア)で，それぞれ独立して高い誘電率を示すチタン酸バリウム($BaTiO_3$)というセラミックスが発明・発見されます．

日本では当時，逓信省電気試験材料部の和久茂氏，小川健男氏らにより酸化チタンをベースに「誘電率温度係数が零となるような磁器の研究」が行われていました．その研究過程で目的とは正反対に誘電率の温度係数が大きくなる物質が確認されます．この正反対の結果に対し，どこまで温度係数が大きくなるのかという探究心から高い誘電率を示すチタン酸バリウムが発見されることになります[1]．

ここまでは，誘電体としての特性です．圧電性についてはどうだったのでしょう．

当時，誘電率の周波数特性を測っているとき，1 kHz でチタン酸バリウムの試験片がピーピーなっていることに気がついて特許出願について議論したらしいのですが，電歪だろうということで，圧電性としての特許出願をあきらめてしまったとのことです[1]．

同時期にチタン酸バリウムを発見していたアメリカの状況は以下のように報告されています[2]．

1945年，アメリカの R. B. Gray は分極した $BaTiO_3$ が圧電性を示しトランスデューサとして機能することを確認し，1947年には，S. Roberts が $BaTiO_3$ の分極処理と圧電性について報告しています．しかし，$BaTiO_3$ の圧電性の発見について誰に優先権があるかをはっきり決めることは難しいようです．また，ランダムに配向した多結晶体に，分極処理を行って圧電性の可能性を見つけることにさえ，革命的な発想の転換を要したことが触れられています．このようにして，圧電セラミックスとしての $BaTiO_3$ が誕生しました．

【参考資料】 小川健男，和久茂[1]，R. E. Newnham, L. E. Cross[2]より．

5.2.2 チタン酸ジルコン酸鉛

PZT として知られている**チタン酸ジルコン酸鉛**(lead zirconate titanate, $Pb(Ti_x, Zr_{1-x})O_3$)はジルコン酸鉛($PbZrO_3$)とチタン酸鉛($PbTiO_3$)との固溶体で，現在最も広く使用されている圧電セラミックスであり，ペロブスカイト構造に属する．PZT は，四酸化三鉛(Pb_3O_4)，酸化チタン(TiO_2)，過酸化亜鉛(ZrO_2)と少量の添加物をあらかじめ合成し，高温で焼結して得られる．

PZT の開発は，1952 年に東京工業大学によって初めて報告された．その 1 年後，PZT の強誘電性と**反強誘電性**(antiferroelectricity)が発見された．1954 年，米国の研究者らは，PZT セラミックスが優れた圧電特性(d_{31} 最大 −74 pC/N)をもち，キュリー温度が最大 350 ℃と高く，電気機械結合係数が BTO の約 2 倍(最大 0.40)であることを示した．高くて安定した圧電特性により，PZT は従来の変換器やフィルタに使用されるだけでなく，点火・起爆デバイス，変圧器などへと拡大した．

図 5.2 は PZT の**相図**(phase diagram)を示したものである．PZT は，キュリー温度 T_c 以上で立方晶($m3m$)であり，圧電性を示さない．温度 T を減少させると，PZT は相転移を起こし，$PbTiO_3$ のモル分率 X に応じて立方晶の単位胞がひずむ．T_c 以下では，PZT には 3 つの安定相が存在する．Zr が豊富な領域では**反強誘電**(antiferroelectric)**相**と呼ばれる斜方晶相($mm2$)に，それ以外の領域では強誘電相の菱面体晶相($3m$)あるいは正方晶相($4mm$)に変化する．菱面体晶相と正方晶相の境界は，**モルフォトロピック相境界**(morphotropic phase boundary, **MPB**)と呼ばれ，室

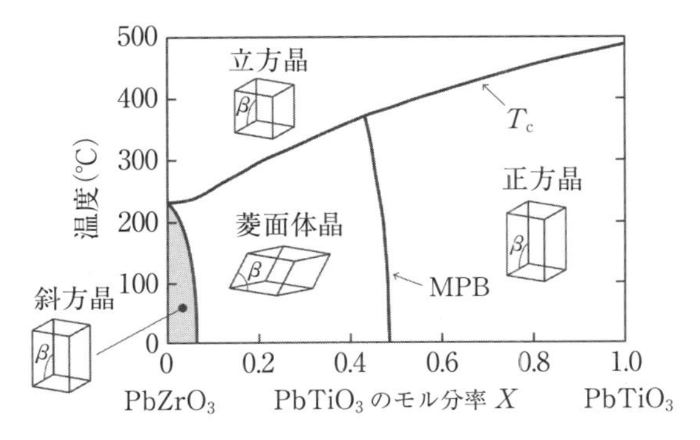

図 5.2 $PbTiO_3$-$PbZrO_3$ 固溶体の相図と圧電特性

温で $X=0.48$ に位置する．このMPB近傍では，2つの強誘電相が共存し，PZTの特性が最大となる．

正方晶のPZT，BTOなどの $4mm$ 結晶体や $6mm$ 結晶体の構成方程式をマトリックス表記すると，次式のようになる．

$$\begin{Bmatrix} \varepsilon_{11} \\ \varepsilon_{22} \\ \varepsilon_{33} \\ 2\varepsilon_{23} \\ 2\varepsilon_{31} \\ 2\varepsilon_{12} \end{Bmatrix} = \begin{bmatrix} s_{11}^{\mathrm{E}} & s_{12}^{\mathrm{E}} & s_{13}^{\mathrm{E}} & 0 & 0 & 0 \\ s_{12}^{\mathrm{E}} & s_{11}^{\mathrm{E}} & s_{13}^{\mathrm{E}} & 0 & 0 & 0 \\ s_{13}^{\mathrm{E}} & s_{13}^{\mathrm{E}} & s_{33}^{\mathrm{E}} & 0 & 0 & 0 \\ 0 & 0 & 0 & s_{44}^{\mathrm{E}} & 0 & 0 \\ 0 & 0 & 0 & 0 & s_{44}^{\mathrm{E}} & 0 \\ 0 & 0 & 0 & 0 & 0 & 2(s_{11}^{\mathrm{E}}-s_{12}^{\mathrm{E}}) \end{bmatrix} \begin{Bmatrix} \sigma_{11} \\ \sigma_{22} \\ \sigma_{33} \\ \sigma_{23} \\ \sigma_{31} \\ \sigma_{12} \end{Bmatrix} + \begin{bmatrix} 0 & 0 & d_{31} \\ 0 & 0 & d_{31} \\ 0 & 0 & d_{33} \\ 0 & d_{15} & 0 \\ d_{15} & 0 & 0 \\ 0 & 0 & 0 \end{bmatrix} \begin{Bmatrix} E_1 \\ E_2 \\ E_3 \end{Bmatrix} \tag{5.1}$$

$$\begin{Bmatrix} D_1 \\ D_2 \\ D_3 \end{Bmatrix} = \begin{bmatrix} 0 & 0 & 0 & 0 & d_{15} & 0 \\ 0 & 0 & 0 & d_{15} & 0 & 0 \\ d_{31} & d_{31} & d_{33} & 0 & 0 & 0 \end{bmatrix} \begin{Bmatrix} \sigma_{11} \\ \sigma_{22} \\ \sigma_{33} \\ \sigma_{23} \\ \sigma_{31} \\ \sigma_{12} \end{Bmatrix} + \begin{bmatrix} \epsilon_{11}^{\mathrm{T}} & 0 & 0 \\ 0 & \epsilon_{11}^{\mathrm{T}} & 0 \\ 0 & 0 & \epsilon_{33}^{\mathrm{T}} \end{bmatrix} \begin{Bmatrix} E_1 \\ E_2 \\ E_3 \end{Bmatrix} \tag{5.2}$$

以下のように書くこともできる．

$$\begin{Bmatrix} \sigma_{11} \\ \sigma_{22} \\ \sigma_{33} \\ \sigma_{23} \\ \sigma_{31} \\ \sigma_{12} \end{Bmatrix} = \begin{bmatrix} c_{11}^{\mathrm{E}} & c_{12}^{\mathrm{E}} & c_{13}^{\mathrm{E}} & 0 & 0 & 0 \\ c_{12}^{\mathrm{E}} & c_{11}^{\mathrm{E}} & c_{13}^{\mathrm{E}} & 0 & 0 & 0 \\ c_{13}^{\mathrm{E}} & c_{13}^{\mathrm{E}} & c_{33}^{\mathrm{E}} & 0 & 0 & 0 \\ 0 & 0 & 0 & c_{44}^{\mathrm{E}} & 0 & 0 \\ 0 & 0 & 0 & 0 & c_{44}^{\mathrm{E}} & 0 \\ 0 & 0 & 0 & 0 & 0 & (c_{11}^{\mathrm{E}}-c_{12}^{\mathrm{E}})/2 \end{bmatrix} \begin{Bmatrix} \varepsilon_{11} \\ \varepsilon_{22} \\ \varepsilon_{33} \\ 2\varepsilon_{23} \\ 2\varepsilon_{31} \\ 2\varepsilon_{12} \end{Bmatrix} - \begin{bmatrix} 0 & 0 & e_{31} \\ 0 & 0 & e_{31} \\ 0 & 0 & e_{33} \\ 0 & e_{15} & 0 \\ e_{15} & 0 & 0 \\ 0 & 0 & 0 \end{bmatrix} \begin{Bmatrix} E_1 \\ E_2 \\ E_3 \end{Bmatrix} \tag{5.3}$$

$$\begin{Bmatrix} D_1 \\ D_2 \\ D_3 \end{Bmatrix} = \begin{bmatrix} 0 & 0 & 0 & 0 & e_{15} & 0 \\ 0 & 0 & 0 & e_{15} & 0 & 0 \\ e_{31} & e_{31} & e_{33} & 0 & 0 & 0 \end{bmatrix} \begin{Bmatrix} \varepsilon_{11} \\ \varepsilon_{22} \\ \varepsilon_{33} \\ 2\varepsilon_{23} \\ 2\varepsilon_{31} \\ 2\varepsilon_{12} \end{Bmatrix} + \begin{bmatrix} \epsilon_{11}^{\mathrm{S}} & 0 & 0 \\ 0 & \epsilon_{11}^{\mathrm{S}} & 0 \\ 0 & 0 & \epsilon_{33}^{\mathrm{S}} \end{bmatrix} \begin{Bmatrix} E_1 \\ E_2 \\ E_3 \end{Bmatrix} \tag{5.4}$$

【コラム 5.2】 PZT の発見と伝説

正方晶である $PbTiO_3$(PT)と菱面体晶である $PbZrO_3$(PZ)の固溶体は，その混合比により結晶相が変化するモルフォトロピック相境界(MPB)近傍で優れた圧電特性を示します．

この結晶相の相境界は，東京工業大学の高木豊研究室の沢口悦郎氏，白根元氏らによって確認されていましたが[3]，当時の日本では焼成工程で鉛(Pb)成分が揮発するなど焼結技術が未完成であったために，$BaTiO_3$ より不十分な圧電特性しか確認されなかったそうです[4]．しかし，1955 年アメリカでは B. Jaffe らがこの PZ-PT(PZT)の MPB 組成で優れた圧電特性を示すことを確認し，クレバイト社が広範囲に特許を成立させたため，日本企業は PZT の製品でロイヤリティを支払わなくてはならない状況になりました．後に入手されたクレバイト社製 PZT には若干のビスマス(Bi)が含まれており，それが焼結性を良くしていたことが判明し，そのことは伝説として報告されています[4]．

この PZT と呼ばれる材料は，圧電性の消失するキュリー温度が約 300 ℃と $BaTiO_3$ に比べて高く，室温付近にも相転移点をもたないため温度特性にも優れているという特徴をもっていました．さらに，構成成分元素を置換したり，微量元素を添加することで特性を著しく改善できることも確認されました[5]．

この PZT という圧電セラミックスが発明されたことにより，水晶やロッシェル塩の特性や品質の課題が克服され，様々な分野に圧電セラミックスが応用されていくことになります．

【参考資料】 白根元[3]，丸竹正一[4]，B. Jaffe, W. R. Cook Jr., H. Jaffe[5]より．

x_3 方向に分極した圧電セラミックスは，x_3 軸に関して軸対称となるので，対称性を結晶の場合と同様に表すと ∞mm となる．座標軸を x_3 軸の周りに任意の角度だけ回転しても定数は変化しないため，圧電セラミックスの構成方程式は $6mm$ 結晶体と同じく式(5.1)-(5.4)で与えられる．

【コラム 5.3】　複合ペロブスカイト化合物の恩恵

1960年代，ソビエト(現ロシア)の G. A. Smolenskii を中心に，圧電セラミックスの化学式が $Pb(B_1, B_2)O_3$ で表され，Bサイトイオンの価数が平均して4価になるように配合された複合ペロブスカイト化合物の合成と物性評価が行われました．代表的な複合ペロブスカイトとして

$$Pb(Mg_{1/3}Nb_{2/3})O_3,\ Pb(Ni_{1/3}Nb_{2/3})O_3,\ Pb(Zn_{1/3}Nb_{2/3})O_3,$$
$$Pb(Co_{1/2}W_{1/2})O_3,\ Pb(In_{1/2}Nb_{1/2})O_3$$

などがあります．これらの化合物は組成によりキュリー温度が様々で PZT と固溶体を形成させることができます．そのため日本では，この化合物の圧電材料への適用が検討され，PZT の第三成分にこの複合ペロブスカイトを使用した圧電セラミックスが松下電器の大内宏氏らにより開発されます[6]．それらは PZT と遜色のない特性を示すことが確認され，この材料開発によりコラム5.2で紹介したクレバイト社の特許を回避できることになりました．さらに，圧電定数，誘電率，キュリー温度，電気機械結合係数，機械的品質係数などの特性を材料組成により調整しやすくなり，応用するデバイスに合わせて材料を開発できるようになります．下図に著者らの実験による三成分組成系の特性マップの例を示します．

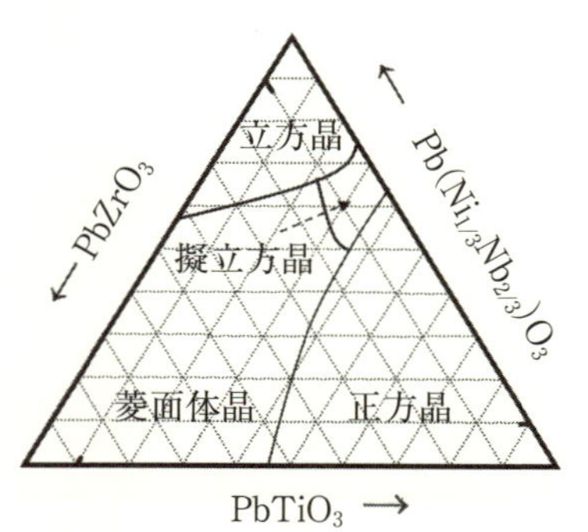

$Pb(Ni_{1/3}Nb_{2/3})O_3$–PZ–PT の相図

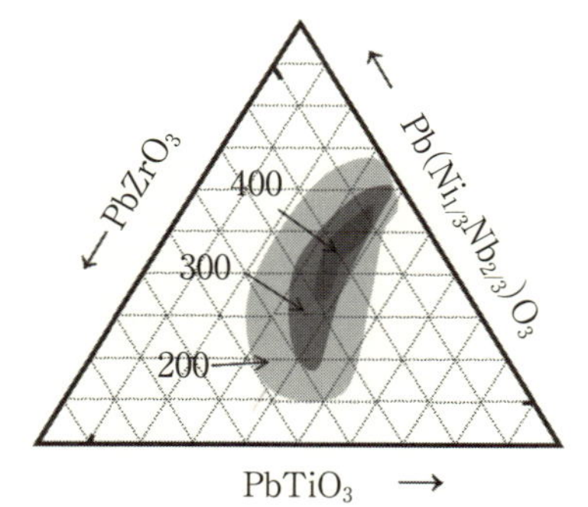

圧電定数 d_{31}(pm/V)特性マップ

図　三成分組成系特性マップの例(著者らの実験結果による)

【参考資料】　H. Ouchi, K. Nagano, S. Hayasaka[6]より．

【コラム 5.4】 日本の圧電材料の特許

1960 年ころ，圧電セラミックスに限らずフェライトなどの電子セラミックスは電気通信事業には欠かせない材料となっていました．

当時，日本電気の明石雅夫氏は，通信用 Mn-Zn フェライトに CaO と SiO_2 を適切な配合比で添加して粒界に析出させることで，高絶縁抵抗の通信用高性能 Mn-Zn フェライトの開発に成功します．その成功の理由は，半導体のように材料のセラミックスの高純度化を追求したことと，季節変動により実験室の机の上に堆積していた砂埃の SiO_2 の存在に気がついて，微量添加物である CaO に SiO_2 を添加したことであると報告されています[7]．

1965 年ころ，日本電気ではこのようなセラミックス材料の研究環境で，圧電セラミックスのコラム 5.3 で紹介した複合ペロブスカイトを使用した PZT との三成分系組成の試作評価が徹底的に行われました．周期律表のすべての元素を検討したといわれています．また，当時のレポートでは，粉末を混合するボールミルのボールを PZT で自作し組成ズレを低減させる実験まで行ったと記録されています．

日本電気の大野留治氏は，この開発により圧電セラミックス材料で 300 件以上の特許を取得し，日米のセラミック技術に貢献した研究者，技術者に贈られる第 1 回フルラス賞を受賞しています．当時の特許リストの一部を以下の表に示します．

表 当時の(株)トーキンのカタログに掲載されていた特許リストの一部

発明の名称	公告番号	特許番号	外国特許関係	備　考
圧電性磁器	特公昭 44—27945	573694	—	$PbTiO_3-PbZrO_3+In_2O_3+Ga_2O_3$
〃	〃 45—15346		U. S. 3484377, Brit 1204867	$Pb(Mn_{1/2}Sb_{1/2})O_3-PbTiO_3-PbZrO_3$
〃	〃 45—23261	598198	U. S. 3472778, Fr. 1541318, Brit 1187228	$PbTiO_3-PbZrO_3+WO_3+Co_2O_3$
〃	〃 46— 8549	463630	—	$Pb(Mn_{1/3}Sb_{2/3})O_3-PbTiO_3+PbZrO_3$
〃	〃 46— 8552		—	$Pb(Mn_{1/2}Ta_{1/2})O_3-PbTiO_3+PbZrO_3$
〃	〃 46— 8553		U. S. 3484377, Brit 1204867	$Pb(Mn_{1/2}Nb_{1/2})O_3-PbTiO_3+PbZrO_3$
〃	〃 46—10583		U. S. 3533951, Brit 1184626	$La(Mn_{1/2}Ti_{1/2})O_3-La(Mn_{1/2}Zr_{1/2})O_3-PbTiO_3-PbZrO_3$
〃	〃 46—10584		U. S. 3544470	$Pb(Mn_{2/3}W_{1/3})O_3-PbTiO_3-PbZrO_3$

〃	〃 46—10585		—	$Pb(Fe_{2/3}Te_{1/3})O_3-PbTiO_3-PbZrO_3$
〃	〃 45—13536		—	$Pb(Mn_{2/3}Bi_{1/2})O_3-PbTiO_3-PbZrO_3$
〃	〃 46—13537		U. S. 3533951, Brit 1184626	$Bi(Mn_{1/2}Ti_{1/2})O_3-Bi(Mn_{1/2}Zr_{1/2})O_3-PbTiO_3-PbZrO_3$
〃	〃 46—13538		U. S. 3484377, Brit 1204867	$Pb(Mn_{1/2}Sb_{1/2})O_3-PbTiO_3-PbZrO_3$
〃	〃 46—13539		U. S. 3533951, Brit 1184626	$Ce(Mn_{1/2}Ti_{1/2})O_3-Ce(Mn_{1/2}Zr_{1/2})O_3-PbTiO_3-PbZrO_3$
〃	〃 46—15979		—	$Pr(Mn_{1/2}Sb_{1/2})O_3-PbTiO_3-PbZrO_3$
〃	〃 46—15981		—	$Pb(Mn_{1/3}Nb_{2/3})O_3-PbTiO_3-PbZrO_3$
〃	〃 46—15983		—	$Pb(Mn_{1/2}Ta_{1/2})O_3-PbTiO_3-PbZrO_3$
〃	〃 46—16631		—	$La(Mn_{1/2}Ti_{1/2})O_3-La(Mn_{1/2}Zr_{1/2})O_3-PbTiO_3-PbZrO_3$
〃	〃 46—16632		—	$Pb(Mn_{1/3}Nb_{2/3})O_3-PbTiO_3-PbZrO_3$
〃	〃 46—17553		—	$Pb(Mn_{1/3}Ta_{2/3})O_3-PbTiO_3-PbZrO_3$
〃	〃 46—19653		—	$Ti(Co_{1/2}Ti_{1/2})O_3-Ti(Co_{1/2}Zr_{1/2})O_3-PbTiO_3-PbZrO_3$
〃	〃 46—19655		—	$Pb(Mn_{1/2}Nb_{1/2})O_3-PbTiO_3-PbZrO_3$
〃	〃 46—19656		—	$Pb(Mn_{2/3}W_{1/3})O_3-PbTiO_3-PbZrO_3$
〃	〃 46—19657		—	$Pb(Fe_{2/3}Te_{1/3})O_3-PbTiO_3-PbZrO_3$
〃	〃 46—19658		—	$Bi(Mn_{1/2}Ti_{1/2})O_3-Bi(Mn_{1/2}Zr_{1/2})O_3-PbTiO_3-PbZrO_3$
〃	〃 46—20632		U. S. 3544471	$Pb(Sb_{1/2}Ta_{1/2})O_3-PbTiO_3-PbZrO_3$
〃	〃 46—22268		—	$Pb(Li_{1/4}Sb_{3/4})O_3-PbTiO_3-PbZrO_3$
〃	〃 46—23544		—	$Pb(Mn_{1/3}Bi_{2/3})O_3-PbTiO_3-PbZrO_3$

【参考資料】 明石雅夫[7]より.

PZT以外では，例えば高調波振動の影響を受けにくい$PbTiO_3$系(PT系)セラミックスがある．$PbTiO_3$は，正方晶のc軸とa軸の異方性が大きいため，多結晶では焼結させることが困難である．そこで，Aサイトをカリウム(Ca)，ストロンチウム(Sr)，バリウム(Ba)などのアルカリ金属で置換し，複合ペロブスカイト化合物を固溶させることにより焼結する．また，一酸化マンガン(MnO)を添加していくと，圧電横効果による伸び振動が抑制され，圧電縦効果による厚さ方向の振動モードのみを利用できる[8]．これにより，高周波を利用する通信用のフィルタ，また，水中音響で使用されるハイドロホンや超音波トランスデューサにおいても感度向上が期待でき

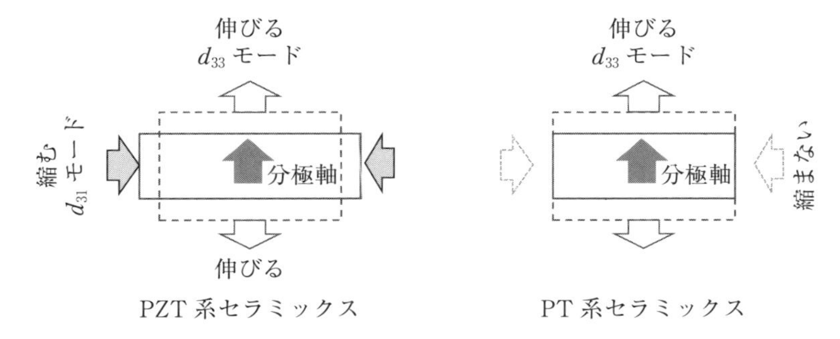

図 5.3　PZT 系・PT 系セラミックスの変形・振動モード

る．**図 5.3** は，その変形・振動モードを示したもので，図中(右)の PT 系セラミックスは，分極方向に変形するが，分極に垂直方向には変形しないといった異方性を示す．

大型の単結晶が得られていない PZT ではあるが，複合ペロブスカイト型化合物である $Pb(Zn_{1/3}Nb_{2/3})O_3$ と $PbTiO_3$ との固溶体単結晶を合成すると，電気機械結合係数が 90 % を超え，また，圧電定数 d_{33} は 1,500 pC/N と大きな値になり，優れた特性を示す[9]．

5.3　高分子材料

5.3.1　ポリフッ化ビニリデン系

高分子の中に圧電性を示すものがあり，例えば**ポリフッ化ビニリデン**(polyvinylidene fluoride, **PVDF**)の強誘電性について 1970 年代初頭に探索が行われている．PVDF は，高分子の最小単位である**モノマー**(monomer)“$-CH_2-CF_2-$”をもつ半結晶性高分子で，ポリエチレン“$-CH_2-CH_2-$”とポリテトラフルオロエチレン“$-CF_2-CF_2-$”の中間の性質をもつ．モノマーは負に帯電したフッ素(F)原子と正に帯電した水素(H)原子によって双極子モーメントを生じ，この双極子は主鎖炭素(C)に結合している．バルクの PVDF は結晶相と非結晶相が混在しており，結晶化度は約 50 % である．

図 5.4 は PVDF の構造を示したものである．最も一般的な結晶相は，図 5.4(a)に示すような C 原子のジグザグ鎖からなり，非極性 α 相と呼ばれる．PVDF の圧電特性は図 5.4(b)の β 相($mm2$)，図(c)の γ 相と呼ばれる極性結晶相の存在に起因

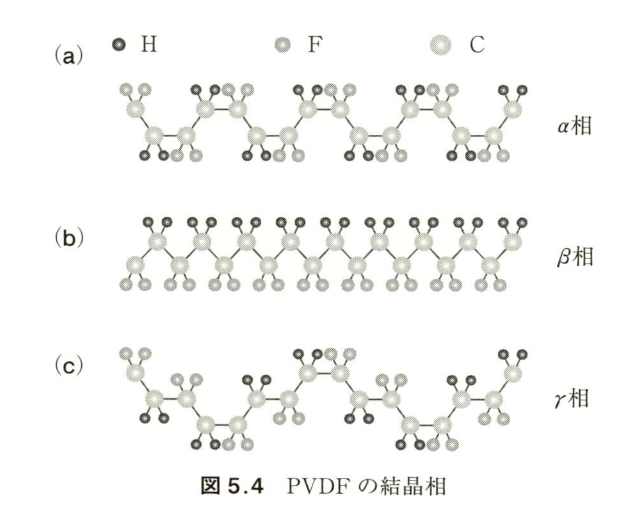

図 5.4　PVDF の結晶相

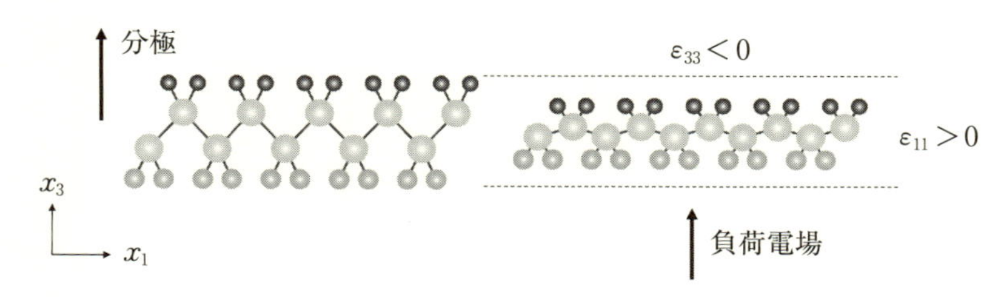

図 5.5　PVDF の電場による変形

し，β 相はすべての結晶相の中で最も大きい双極子モーメントを生じる．

PVDF は，キュリー点以下の約 170℃で融解し，そのまま非極性の α 相に結晶化する．これは α 相が β 相よりもわずかに安定であるからである．フィルム形状に押し出される α 相は，機械的延伸によって鎖状分子を伸ばすと，β 相に変化する．

図 5.5 に示すように，PVDF は，分極方向に電場を負荷すると，その方向に縮む ($\varepsilon_{33}<0$)．したがって，一般的な圧電セラミックスとは異なり，PVDF とその共重合体は負の d_{33} 値をもつ．

PVDF などの $mm2$ 系材料の構成方程式は次のように表される．

$$\begin{Bmatrix} \varepsilon_{11} \\ \varepsilon_{22} \\ \varepsilon_{33} \\ 2\varepsilon_{23} \\ 2\varepsilon_{31} \\ 2\varepsilon_{12} \end{Bmatrix} = \begin{bmatrix} s_{11}^{\mathrm{E}} & s_{12}^{\mathrm{E}} & s_{13}^{\mathrm{E}} & 0 & 0 & 0 \\ s_{12}^{\mathrm{E}} & s_{22}^{\mathrm{E}} & s_{23}^{\mathrm{E}} & 0 & 0 & 0 \\ s_{13}^{\mathrm{E}} & s_{23}^{\mathrm{E}} & s_{33}^{\mathrm{E}} & 0 & 0 & 0 \\ 0 & 0 & 0 & s_{44}^{\mathrm{E}} & 0 & 0 \\ 0 & 0 & 0 & 0 & s_{55}^{\mathrm{E}} & 0 \\ 0 & 0 & 0 & 0 & 0 & s_{66}^{\mathrm{E}} \end{bmatrix} \begin{Bmatrix} \sigma_{11} \\ \sigma_{22} \\ \sigma_{33} \\ \sigma_{23} \\ \sigma_{31} \\ \sigma_{12} \end{Bmatrix} + \begin{bmatrix} 0 & 0 & d_{31} \\ 0 & 0 & d_{32} \\ 0 & 0 & d_{33} \\ 0 & d_{24} & 0 \\ d_{15} & 0 & 0 \\ 0 & 0 & 0 \end{bmatrix} \begin{Bmatrix} E_1 \\ E_2 \\ E_3 \end{Bmatrix} \tag{5.5}$$

$$\begin{Bmatrix} D_1 \\ D_2 \\ D_3 \end{Bmatrix} = \begin{bmatrix} 0 & 0 & 0 & 0 & d_{15} & 0 \\ 0 & 0 & 0 & d_{24} & 0 & 0 \\ d_{31} & d_{32} & d_{33} & 0 & 0 & 0 \end{bmatrix} \begin{Bmatrix} \sigma_{11} \\ \sigma_{22} \\ \sigma_{33} \\ \sigma_{23} \\ \sigma_{31} \\ \sigma_{12} \end{Bmatrix} + \begin{bmatrix} \epsilon_{11}^{\mathrm{T}} & 0 & 0 \\ 0 & \epsilon_{22}^{\mathrm{T}} & 0 \\ 0 & 0 & \epsilon_{33}^{\mathrm{T}} \end{bmatrix} \begin{Bmatrix} E_1 \\ E_2 \\ E_3 \end{Bmatrix} \tag{5.6}$$

あるいは

$$\begin{Bmatrix} \sigma_{11} \\ \sigma_{22} \\ \sigma_{33} \\ \sigma_{23} \\ \sigma_{31} \\ \sigma_{12} \end{Bmatrix} = \begin{bmatrix} c_{11}^{\mathrm{E}} & c_{12}^{\mathrm{E}} & c_{13}^{\mathrm{E}} & 0 & 0 & 0 \\ c_{12}^{\mathrm{E}} & c_{22}^{\mathrm{E}} & c_{23}^{\mathrm{E}} & 0 & 0 & 0 \\ c_{13}^{\mathrm{E}} & c_{23}^{\mathrm{E}} & c_{33}^{\mathrm{E}} & 0 & 0 & 0 \\ 0 & 0 & 0 & c_{44}^{\mathrm{E}} & 0 & 0 \\ 0 & 0 & 0 & 0 & c_{55}^{\mathrm{E}} & 0 \\ 0 & 0 & 0 & 0 & 0 & c_{66}^{\mathrm{E}} \end{bmatrix} \begin{Bmatrix} \varepsilon_{11} \\ \varepsilon_{22} \\ \varepsilon_{33} \\ 2\varepsilon_{23} \\ 2\varepsilon_{31} \\ 2\varepsilon_{12} \end{Bmatrix} - \begin{bmatrix} 0 & 0 & e_{31} \\ 0 & 0 & e_{32} \\ 0 & 0 & e_{33} \\ 0 & e_{24} & 0 \\ e_{15} & 0 & 0 \\ 0 & 0 & 0 \end{bmatrix} \begin{Bmatrix} E_1 \\ E_2 \\ E_3 \end{Bmatrix} \tag{5.7}$$

$$\begin{Bmatrix} D_1 \\ D_2 \\ D_3 \end{Bmatrix} = \begin{bmatrix} 0 & 0 & 0 & 0 & e_{15} & 0 \\ 0 & 0 & 0 & e_{24} & 0 & 0 \\ e_{31} & e_{32} & e_{33} & 0 & 0 & 0 \end{bmatrix} \begin{Bmatrix} \varepsilon_{11} \\ \varepsilon_{22} \\ \varepsilon_{33} \\ 2\varepsilon_{23} \\ 2\varepsilon_{31} \\ 2\varepsilon_{12} \end{Bmatrix} + \begin{bmatrix} \epsilon_{11}^{\mathrm{S}} & 0 & 0 \\ 0 & \epsilon_{22}^{\mathrm{S}} & 0 \\ 0 & 0 & \epsilon_{33}^{\mathrm{S}} \end{bmatrix} \begin{Bmatrix} E_1 \\ E_2 \\ E_3 \end{Bmatrix} \tag{5.8}$$

PVDF をベースとした数多くの新規圧電高分子が開発されている．P(VDF-TrFE) は任意の割合のフッ化ビニリデン(VDF)がトリフルオロエチレン(TrFE)($-CF_2-CFH-$)と共重合した半結晶性共重合体である．PVDF は，再結晶温度が融点よりも高いため，圧電性を誘起するには延伸処理などが必要となる．しかしながら，TrFE は，PVDF の結晶構造を変化させ，キュリー温度を低下させるため，融点以下の温度で強誘電相に結晶化させることが可能になる．その結果，P(VDF-TrFE)に圧電性を付与するには，延伸のようなさらなるプロセスは必要ない．

5.3.2　ポリ乳酸系

ポリ乳酸(polylactic acid, PLA)は，結晶性のヘリカルキラル高分子で，その一軸延伸フィルムは圧電性を示す．また，PLA系のポリ-L-乳酸(poly-L-lactic acid, PLLA)フィルムは，焦電性のない圧電フィルムであり，タッチセンサとして製品化されている．通常の強誘電フィルムは，焦電性も示すので，タッチした際に熱とひずみを識別できない．

5.4　鉛フリー圧電セラミックス

ペロブスカイト型結晶構造の圧電単結晶は，結晶軸と負荷電場の方向を適切に調整し，結晶内の分域構造などの微細組織を制御することで特性を変化させることができる．これらの技術は鉛フリーセラミックスにも応用されている．BTOは，マイクロ波焼結技術[10]や2段焼結法[11]などのプロセスにより，セラミックスの緻密化と粒成長の抑制を両立させることで，圧電特性が向上する．BTOセラミックスの圧電特性は，結晶粒径によるサイズ効果を示し，約1 μm程度の平均粒径で極大となる[12]．圧電定数d_{33}が400 pC/Nを超えるBTO系圧電セラミックスが開発されている．

KNNとして知られる**ニオブ酸カリウムナトリウム**(potassium sodium niobium oxide, $KNbO_3$-$NaNbO_3$)圧電セラミックスは，結晶粒の結晶軸を配向させることにより，PZTと同等レベルの圧電特性を示す．2004年のこの報告[13]により，圧電セラミックスの鉛フリー化技術の開発が加速した．その後，KNN系の圧電セラミックス材料は，バルク，積層，薄膜の形態で特性改善が進み，実用化が始まっている．

5.5　ウルツ鉱型構造

5.5.1　酸化亜鉛

酸化亜鉛(zinc oxide, ZnO)は，中心対称をもたない六方晶系の**ウルツ型構造**(wurtzite type structure)で，スパッタリングなどで成膜できる．分極処理や熱処理は不要で，c軸に沿って分極されており，圧電効果と焦電効果を示す．ZnOは，ナノ粒子や量子ドットのような0次元構造，ナノワイヤーやナノロッドのような一次元構造，ナノシートやナノウォールのような二次元構造など，顕著な微細構造を示す．

5.5.2 窒化アルミニウム

窒化アルミニウム(aluminum nitride, **AlN**)は六方晶系のウルツ鉱構造をもち，大きなバンドギャップ(5 eV 以上)の圧電・焦電材料である．ZnO と同様，分極処理は不要で c 軸に沿った結晶構造によって自発分極をもっている．AlN 薄膜は，高音速，高熱安定性などの優れた物理特性により，多くの微小電気機械システム(MEMS)用途に有望である[14]．小型の測距センサとしてドローンなどにも使用されている．

5.6 材料のまとめ

圧電定数は圧電デバイスの性能を決める重要な定数である．各種圧電材料で確認された圧電定数 d_{33} の歴史的推移を**図 5.6** に示す．圧電セラミックスにおいては，BTO から始まり，PZT，三成分系 PZT と特性が向上し，約 600 pC/N の圧電定数が得られている．鉛系単結晶においては，PZN-PT 系単結晶で 1,500 pC/N の高い圧電定数が確認され，品質向上や結晶方位と電場の方向との関係など，分極条件の検討により 2,000 pC/N を超える特性が確認されている．また，鉛系圧電単結晶は，交流分極技術(2.4.3 項参照)により，圧電定数が 5,000 pC/N に達し，今後さらなる圧電特性改善が期待される．

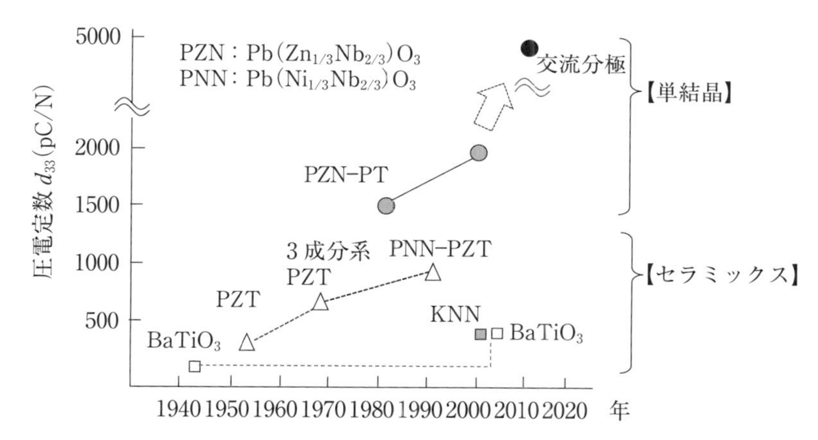

図 5.6 各種圧電材料の発見・開発と圧電定数 d_{33} の歴史的推移

【コラム 5.5】 各種圧電材料の特性

本章では各種圧電材料を紹介しました．代表的な圧電単結晶，圧電セラミックスの特性を整理した表を以下に示します．圧電セラミックスでは Q_{m} の大きい材料をハード材，Q_{m} が小さく圧電 d 定数の大きい材料をソフト材といいます．有限要素法では圧電・弾性マトリックスのパラメータが必要となりますので，それらのカタログ値を示します．表中の弾性マトリックスの空欄は，周波数定数と電気機械結合係数の関係式から f_{s}，f_{p} を求め，図 4.8 のフローチャートを参考にすることで計算できます．

			単結晶		セラミックス				
特　性	記　号	単 位	水晶[a]	$LiNbO_3$[a]	$BaTiO_3$[a]	(PZT 系) P10 カタログ値 A 社	ハード PZT C-213 カタログ値 B 社	ソフト PZT C-93 カタログ値 B 社	$PbTiO_3$系 M-6 カタログ値 B 社
マトリックス			32	3 m	6 mm	6 mm	6 mm	6 mm	6 mm
密度		Mg/m^3	2.65	4.64	5.7	7.529	7.8	7.91	6.92
キュリー温度	T_{c}	℃		1210	130	324	315	150	250
比誘電率	$\varepsilon_{33}/\varepsilon_0$		4.6	29	1900	2127	1470	6050	215
	$\varepsilon_{11}/\varepsilon_0$			85	1600	1946	1590	5600	250
周波数定数 (D, l, h は振動モード方向の長さ)	$Nr(=fs\cdot D)$	Hz・m	−	−	−	1980	2230	1890	2860
	$N_{31}(=fs\cdot l)$		−	−	−	1396	1620	1410	2200
	$N_{33}(=fs\cdot l)$		−	−	−	1345	1540	1300	2240
	$Nt(=fs\cdot h)$		−	−	−	2015	2090	1970	2230
	$N_{15}(=fs\cdot h)$		−	−	−	900	960	870	1450
電気機械結合係数	k_{p}		−	0.035	0.38	0.632	0.58	0.68	0.04
	k_{31}		−	0.02	0.21	0.348	0.34	0.4	0.026
	k_{33}		−	0.17	0.49	0.728	0.7	0.77	0.53
	kt		−	−	−	0.481	0.48	0.53	0.51
	k_{15}		−	0.61	0.44	0.677	0.7	0.71	0.37
	k_{ij}		(11)0.1 (14)0.05						
圧電定数	d_{31}	pC/N		−0.83	−79	−197	−135	−371	−3.7
	d_{33}			6	190	454	310	826	71
	d_{15}			69	270	595	510	1080	41
	d_{ij}		(11)2.3 (14)0.67	(23)25.6[b]					
	Q_{m}		$>10^6$	20300[b]	500	87.1	2500	67	850
弾性係数	s_{11}^{E}	p(m^2/N)	12.8	5.8	8.6	17	12.1	15.9	7.6
	s_{12}^{E}		−1.8	−1.2	−2.6	−5.86	−	−	−
	s_{13}^{E}		−1.2	−1.42	−2.9	−7.97	−	−	−
	s_{33}^{E}		9.6	5	9.1	20.7	15.1	21.7	8.6
	s_{44}^{E}		20	17.1	23	44.8	38.5	40	11.5
	s_{66}^{E}		−	−	−	45.8	−	−	−
ポアソン比	ν_{12}		−	−	−	0.344	0.28	0.27	0.21

a) J. Moulson and J. M. Herbert, "Piezoelectric ceramics", Electroceramics, 2003, John Wiley & Sons, Ltd., p. 380.
b) 早野修二，梅田幹雄，高橋貞行，$LiNbO_3$ 結晶のハイパワー圧電特性，日本音響学会誌 **72**，8(2016)，pp. 456-461.
c) A 社：NJ コンポーネント株式会社　B 社：株式会社富士セラミックス

5.7　圧電材料のデバイス応用

圧電材料の性質を利用したデバイスの機能は

(1)電気的エネルギーを機械的エネルギーに変換する(逆圧電効果)

(2)機械的エネルギーを電気的エネルギーに変換する(正圧電効果)

(3)電気的エネルギーを機械的エネルギーに変換し，さらに電気的エネルギーに変換する(回路設計)

の3つに分類できる．

さらに，その圧電材料は

・共振させずに使用するデバイス

・共振させて使用するデバイス

に分けられる．

次章以降，これまで導いてきた圧電材料の各種パラメータを使用して，デバイスの基本的な設計方法について解説する．

【コラム 5.6】 圧電デバイスの分類

本章では，様々な圧電材料について解説しました．次章以降でデバイスの設計を行うにあたり，圧電材料のデバイス応用を以下の A, B, C グループの3つに分類してみました．

(A)非共振デバイス(圧電 d 定数で設計)

(B)共振を利用するデバイス(Q_m を考慮)

(C)正圧電効果と逆圧電効果の組み合わせで設計するデバイス
(回路的設計が必要なデバイス)

合わせて，使用する圧電材料の形態として，単結晶，セラミックス，薄膜(厚さ：1 μm 程度)，厚膜(厚さ：数十 μm 程度)，有機系圧電材料，コンポジット(複合材)を取りあげて，応用するデバイスとの関係を整理して以下の表にまとめました．

	原理と設計	応用分野	機　能	材料形態						応用製品
				単結晶	セラミック	薄膜	厚膜	有機	コンポジット	
A	電気-機械〈非共振〉	アクチュエータ	積層		○					マスフロー，インクジェット，AFインジェクション，骨伝導
			単板		○					HDD位置決め，インクジェット
			ユニモルフ バイモルフ		○		○			圧電スピーカ，触覚ディスプレー
	機械-電気	センサ	加速度		○					HDD衝撃センサ，エアバック
			高電圧		○					着火
			発電		○				○	リモコンSW
B	電気-機械〈共振〉	超音波(送受信)	気体(空気中)		○			○		バックソナー，ToF(測距センサ)
			液体(水中)		○		○	○	○	魚群探知機，流量計
			固体		○					探傷機
			生体	○	○	○		○	○	医療用トランスデューサ
		超音波(ハイパワー)	気体(空気中)		○					指向性スピーカ
			液体(水中)		○					洗浄機
			固体		○					加工機
			生体		○					局所温熱治療
			超音波モータ		○					防犯カメラ，精密ステージ
C	電気-機械-電気〈等価回路〉	通　信	発振子	○	○					発振子
			周波数フィルタ	○	○	○				周波数フィルタ
		センサ	微小質量	○						QCM
			角速度	○	○	○				振動ジャイロ
		電　源	変圧(トランス)		○					圧電トランス

【コラム 5.7】 圧電厚膜形成技術

コラム 5.6 の表に示したように，圧電厚膜形成技術は，まだ開発の余地があります．日本で発明されたユニークな厚膜形成技術を紹介します．

エアロゾルデポジション法(AD 法)は，1996 年に産業技術総合研究所で発明されたセラミックコーティング技術です[15]．

約 1 μm 程度の固体粒子を音速に近い速度で基板に衝突させることで，常温で厚さ数十 μm の厚膜が形成できます．この現象を常温衝撃固化現象と呼んでいます．半導体製造装置のエッチング工程の耐食性コーティングとして実用化されています．

この技術を圧電セラミックスに使用すると室温で緻密なセラミック厚膜が形成されます．材料組成と密度に着目すると室温で緻密なセラミックスが作れることになります．鉛フリー圧電セラミックである $BaTiO_3$ を AD 法を使用して基板上に形成した膜の断面と外観を粉末とともに下図に示します．

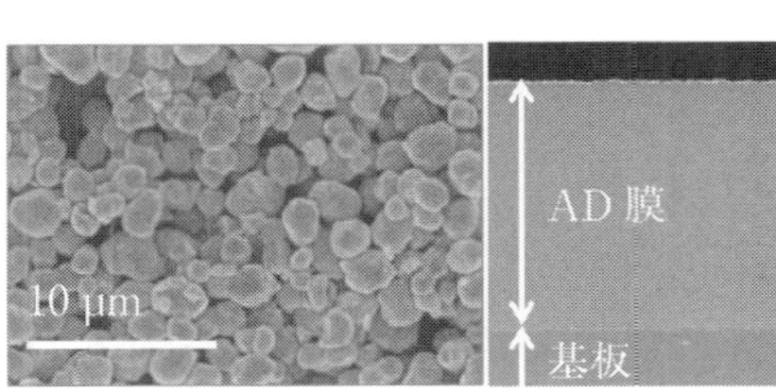

使用した粉末　　AD 膜の断面

透明な厚膜

表面粗さ　Ra：0.023 μm

AD 膜の外観(ガラス基板上)

図　AD 法で形成した $BaTiO_3$ 膜

【参考資料】 明渡純[15]より．

【参考文献】

［1］ 小川健男，和久茂，日本におけるチタン酸バリウム発見の経緯，「驚異のチタバリ」，村田製作所編，1990，丸善.

［2］ R. E. Newnham and L. E. Cross，特別寄稿，「$BaTiO_3$ の始めのころの思い出」（丸竹正一訳），「驚異のチタバリ」，村田製作所編，1990，丸善.

［3］ 白根元，強誘電体研究 1947-1952，「驚異のチタバリ」，村田製作所編，1990，丸善.

［4］ 丸竹正一，ロッシェル塩から PZT へ，「驚異のチタバリ」，村田製作所編，1990，丸善.

［5］ B. Jaffe, W. R. Cook Jr., and H. Jaffe, "Piezoelectric Ceramics", 1971, Academic Press Limited.

［6］ H. Ouchi, K. Nagano, and S. Hayasaka, Piezoelectric properties of $Pb(Mg_{1/3}Nb_{2/3})O_3$-$PbTiO_3$-$PbZrO_3$ solid solution ceramics, J. Am. Ceram. Soc. **48** (1965) 630-635.

［7］ 明石雅夫，ネフェライト，粉体および粉末冶金 **48** (2001) 869-876.

［8］ 日本セラミックス協会編，「セラミック工学ハンドブック」，1993，1915.

［9］ J. Kuwata, K. Uchino, and S. Nomura, Phase transitions in the $Pb(Zn_{1/3}Nb_{2/3})O_3$-$PbTiO_3$ system, Ferroelectrics **37** (1981) 579-582.

［10］ H. Takahashi, Y. Numamoto, J. Tani, and S. Tsurekawa, Piezoelectric properties of $BaTiO_3$ ceramics with high performance fabricated by microwave sintering, Jpn. J. Appl. Phys. **45** (2006) 7405-7408.

［11］ T. Karaki, K. Yang, T. Miyamoto, and M. Adachi, Lead-free piezoelectric ceramics with large dielectric and piezoelectric constants manufactured from $BaTiO_3$ nano powder, Jpn. J. Appl. Phys. **46** (2007) L97-98.

［12］ T. Hoshina, Size effect of barium titanate : fine particles and ceramics, J. Ceram. Soc. Japan **121** (2013) 156-161.

［13］ Y. Saito, H. Takao, T. Tani, T. Nonoyama, K. Takatori, T. Honma and T. Nagaya, Lead-free piezoceramics, Nature **432** (2004) 84-87.

［14］ M. Akiyama, T. Kamohara, K. Kano, A. Teshigahara, Y. Takeuchi, and N. Kawahara, Enhancement of piezoelectric responce in scandium alminium nitride alloy thin films prepared by dual reactive cosputtering, Adv. Mater. **21** (2009) 593-596.

［15］ 明渡純監修，「エアロゾルデポジション法の基礎から応用まで」《普及版》，2013，シーエムシー出版.

6

第6章 積層効果

圧電材料を複数準備し，それらを積層することで，様々な応用が可能となる．本章では，縦効果を利用する積層型圧電体と横効果を発揮する圧電積層板を取りあげ，基礎的な挙動について解説する．

6.1 積層型圧電体

6.1.1 ブロッキング力とフリーストローク

図 6.1(a)に示すように，厚さ h の圧電層を多数積層した高さ H の積層型圧電体を考える．積層型圧電体は z 軸に垂直な面におかれている．

いま，各圧電層に電圧 V を印加し，積層型圧電体は電場 $E_z = V/h$ の作用を受けている．外力が作用していない場合，一次元の構成方程式(3.87)から，圧電層の厚さ方向垂直ひずみは，圧電層の厚さの変化量を Δh とおくと，次のように表される．

$$\varepsilon_{zz} = d_{33}\frac{V}{h} = \frac{\Delta h}{h} \tag{6.1}$$

積層数を n とすると，高さ H の変化すなわち変位は，式(6.1)より

$$\delta = n\Delta h = nd_{33}V \tag{6.2}$$

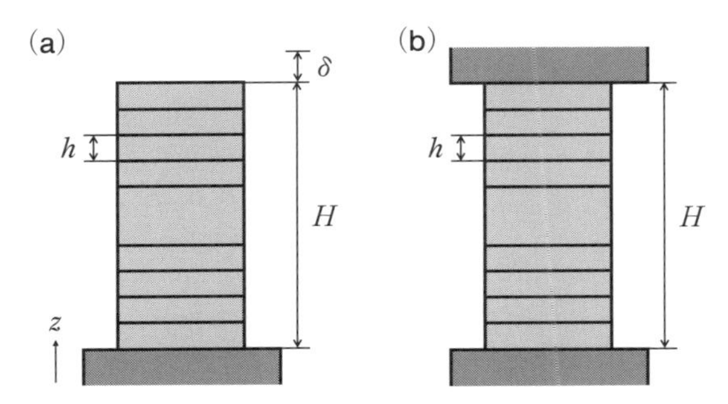

図 6.1 積層型圧電体．(a)荷重なし，(b)予荷重あり

となる．式(6.2)から，印加された電圧の値から変位を推定することができる．このような積層型圧電体は**アクチュエータ**(actuator)として利用するのが一般的である[1]．

アクチュエータは，一般に**予荷重**(preload)下で利用するため，予荷重以上の力を発生できなければならない．アクチュエータが発生できる最大の力を**ブロッキング力**(blocking force)と呼ぶ．

一般に，アクチュエータの一端は固定され，他端にはブロッキング力を測定するためのロードセルが設置される．いま，図6.1(b)に示すように，両端が固定された**多層圧電アクチュエータ**(multilayer piezoelectric actuator)を考える．この場合，電場 $E_z = V/h$ を負荷しても，アクチュエータの高さは変化しない．したがって，垂直ひずみは $\varepsilon_{zz}=0$ となり，式(3.87)より

$$s_{33}^{\mathrm{E}} \sigma_{zz} + d_{33} \frac{V}{h} = 0 \tag{6.3}$$

が成立する．$\Delta h/h = \delta/L$ を考慮すると，式(6.1)-(6.3)から，次式が得られる．

$$\sigma_{zz} = -\frac{n d_{33} V}{s_{33}^{\mathrm{E}} H} \tag{6.4}$$

したがって，圧電層の断面積を S とおくと，圧電アクチュエータに生じる最大の力すなわちブロッキング力 F_{b} は次式で表される．

$$F_{\mathrm{b}} = -\frac{n d_{33} S}{s_{33}^{\mathrm{E}} H} V \tag{6.5}$$

図6.2は，圧電アクチュエータに生じる力と変位の関係を示したものである．図中の δ_{f} は，アクチュエータが完全に自由に動き，力が発生しないときに最大推奨電圧 $V_{\max}$ で達成される変位であり，**フリーストローク**(free stroke)と呼ばれる．一方，ブロッキング力とは，アクチュエータが完全に拘束され，動くことが許されないときに最大推奨電圧で出力される最大の力を示す．圧電アクチュエータは，通常フリーストローク δ_{f} やブロッキング力 F_{b} などの指標を用いて性能が比較される．フリーストロークは力が0のときの変位で，ブロッキング力は変位が0のときの力である．

アクチュエータの剛性 k_{A} は，次の式から求めることができる．

$$k_{\mathrm{A}} = \frac{F_{\mathrm{b}}}{\delta_{\mathrm{f}}} \tag{6.6}$$

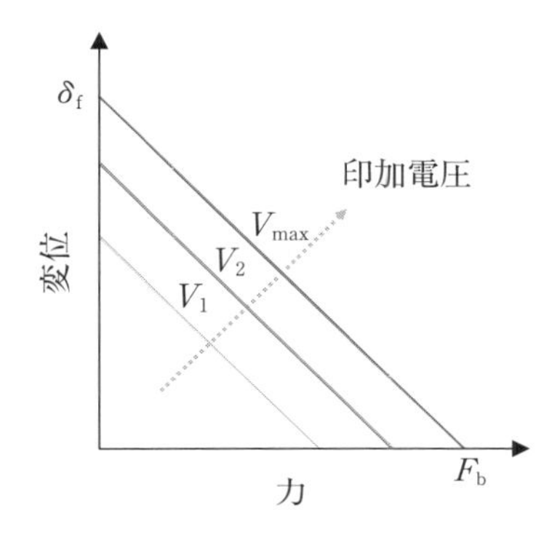

図 6.2　積層型圧電アクチュエータの変位と荷重の関係

これは図 6.2 の曲線の勾配の逆数に相当する．

6.1.2　積層型圧電体の引張-圧縮とせん断

圧電縦効果と横効果，せん断(すべり)効果の変位 δ と電圧 V の関係を整理したものを**表 6.1** に示す．l，h は圧電体の長さ，厚さを示す．厚さ方向の変位 δ は図 6.1(a)の $n=1$ の場合に相当する．

表 6.1 に示したように，厚さ方向の伸びによる変位と長さ方向のずれによる変位は，寸法によらず，電圧だけで決まるという特徴がある．すなわち，電圧一定の条件では積層することで変位を増やすことができる．また，変位は厚さに依存しないの

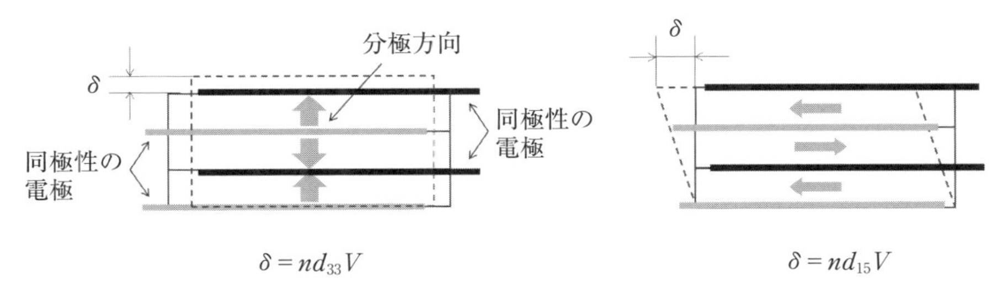

図 6.3　積層構造による変位の増加の模式図

表 6.1　圧電効果による変位

	厚さ方向の変位	長さ方向の変位
垂直ひずみ	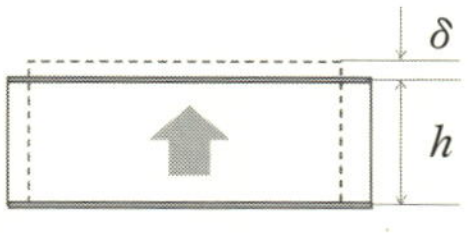 $\delta = d_{33} V$	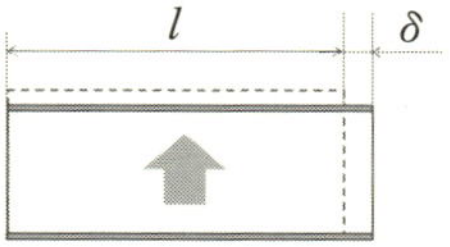 $\delta = d_{31} \dfrac{l}{h} V$
せん断ひずみ	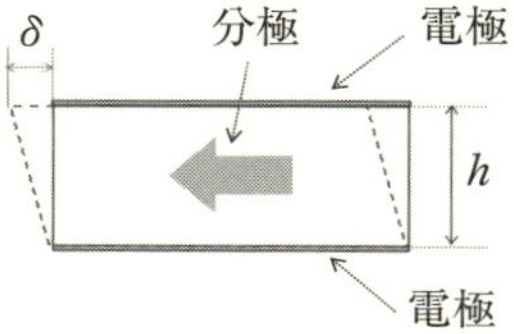 分極　電極　電極 $\delta = d_{15} V$	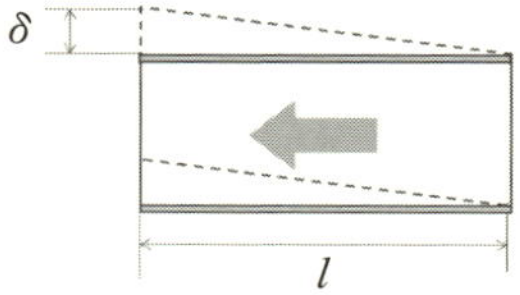 $\delta = d_{15} \dfrac{l}{h} V$

で，1層の厚さを薄くして積層数を増やすことで，外形寸法を変えずに変位を増加させることができる．ただし，分極方向が交互に反転するように積層する必要がある．積層構造で変位を増加させる模式図を**図 6.3** に示す．

【コラム 6.1】　積層型圧電アクチュエータの誕生

PZT に第三成分として固溶させる鉛系複合ペロブスカイト型化合物のセラミックスとしては低温の 1,000 ℃以下で焼結できるという製造プロセス上の特徴があります．また，キュリー温度が室温付近に存在する組成の材料は高い誘電率を示します．この2つの特徴を活かし，セラミックスと Ag-Pd 系合金電極を交互に積層して一体焼結させた積層型セラミックコンデンサが日本電気の米澤正智氏らにより開発されました[2]．

この電極との一体焼結技術が三成分系の圧電セラミックスに応用され，積層型圧電アクチュエータが誕生しました．

本章で解説したように，圧電縦効果での変位量は圧電体の厚さに依存せず積層数に比例するので，同じ印加電圧により変位を増加させることができます．

さらに，電極面積とセラミック面積を等しくできる側面部のガラス絶縁技術により，変位の拘束も低減された全面電極構造の積層アクチュエータが開発されました．

全面電極による積層構造とアクチュエータの外観を図に示します．この積層型圧電アクチュエータの応用は複写印字用のドットマトリックスプリンタから始まりました[3]．圧電式は，電磁駆動に比べ高速印字が可能で，消費電力も1/5になります．さらに積層型アクチュエータは，半導体製造装置においてガス流量を精密に制御するマスフローコントローラや，精密位置決めのステージなどへの応用も広がり，半導体製造技術に貢献することになります．その後，積層圧電セラミックスの技術は，ノートパソコンの薄型化と低消費電力化を可能にした液晶モニタ用圧電トランスや，携帯電話の圧電スピーカ，オートフォーカス用小型アクチュエータなどに展開されています．

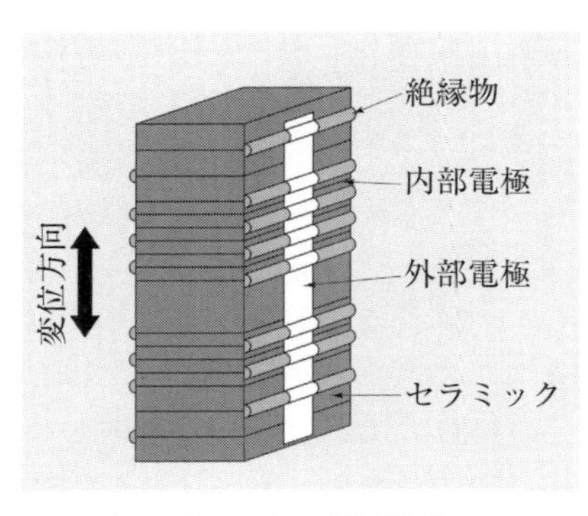

全面電極による積層構造

積層型圧電アクチュエータ

図　積層型圧電アクチュエータの構成と外観

【参考資料】　米澤正智[2]，矢野健，八鍬和夫，徐世傑，原田三郎[3]より．

【コラム6.2】 圧電式リニアモータ

圧電アクチュエータをユニークな駆動方法で利用したオートフォーカス用の小型アクチュエータの実例を紹介します.

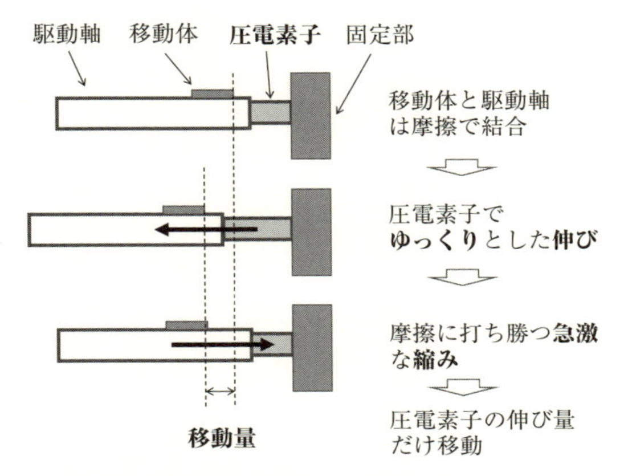

図　小型圧電アクチュエータによるインパクト駆動

圧電アクチュエータの先端にシャフト上の駆動軸を設け，移動体を摩擦で固定します．この状態で圧電アクチュエータにノコギリ波形の電圧を印加すると，移動体はシャフトとともにゆっくり伸びて移動し，急激に電圧をゼロにすると摩擦に打ち克つ速さでシャフトが縮み，移動体は慣性でその場に留まります．この動作を繰り返すことで，移動体を動かすことができます．ノコギリ波形の向きを逆にすれば逆方向に動かすことができ，この駆動方法はインパクト駆動と呼ばれています[4].

【参考資料】　樋口俊郎，渡辺正浩，工藤謙一[4]より.

【コラム 6.3】 超音波モータの発明

コラム 6.2 では，リニアモータとしての応用で小型の積層圧電アクチュエータを紹介しました．人間の可聴音の周波数は高音側で約 20 kHz とされているので，それ以上の周波数の音響振動のことを超音波といいます．この周波数域の振動を利用して対象物を動かすモータが超音波モータです．コラム 6.2 のアクチュエータは，60 kHz の振動周波数で駆動させたので，超音波モータといえます．

カメラのオートフォーカスで使用された超音波モータの歴史は 1970 年代までさかのぼります．

1975 年，指田年生氏は研磨に使うラッピング盤を製造するかたわら超音波加工機を開発しており，東北大学の菊池喜充先生が発表された「磁歪振動子の極限出力理論」という論文に出会います．そこには，磁歪材が 1 cm^2 当たり最大 475 W の超音波エネルギーを出力できると書かれていました．このエネルギーを圧電振動子で出力させるモータができないかと考え，最初はランジュバン型振動子を使用したキツツキ型のモータを開発して扇風機を回すことに成功しました．回ったときは感動のあまり 3 日間眠れなかったそうです[5]．この方式は定在波型ですが，後にリング状の進行波型の超音波モータの開発にも成功します[6]．

超音波モータは，静粛，高トルク，停止時にほとんど電力を使用しないことから，低消費電力なため月面探査用の遠隔操作ロボットなどへの応用検討も進んでいます．

【参考資料】 藤島啓[5]，指田年生[6]より．

【コラム 6.4】 超音波モータがジャイロに

1989年ころ，コラム4.3で紹介したBGS波を発見した東北大学の清水洋先生は(株)トーキンと，円柱，円筒形の進行波型の超音波モータ(図1(上左))を共同開発していました[7]．円柱に2つの屈曲振動(図1(上中))を励振し位相をずらすことで，端部にロータを載せると皿回しのように回転させることができます．当時は接触部のセラミックスの摩耗などの問題がありモータとしては使用されませんでした．しかし，同じ形状の振動子を用いてカメラの手ぶれ補正用角速度センサ，円柱型の圧電型振動ジャイロ(図1(上右))に姿を変えて製品化されました[8]．振動ジャイロは，振り子や振動子が振動している面に垂直な方向に回転(角速度：Ω)を加えると，振動面外に駆動力(コリオリ力：F_c)が働き，その大きさは質点の質量(m)と振動速度(v)に比例し，次の関係式が成り立ちます(図1(下))．

$$F_c = m(v \times \Omega)$$

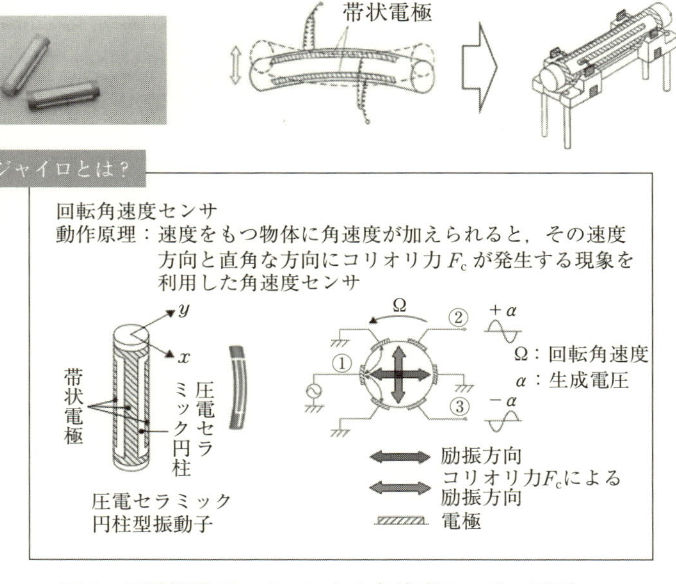

図1　圧電振動ジャイロによる角速度センサの原理

つまり，円柱に電極を形成して逆圧電効果により振動速度 v の屈曲振動を励起させ，駆動面に垂直な面にコリオリ力 F_c(図1(下))を正圧電効果で検出すると，角速度を求めることができることになります．超音波モータでは，2組の電極が駆動用に使用されましたが，ジャイロでは駆動用とセンサ用に使用されることになります．

金属チューブを使用した円筒型超音波モータ

コラム5.7で紹介したセラミックコーティング技術(AD法)により，圧電セラミック厚膜を基板上に形成することで，圧電デバイスとして応用可能になります．アクチュエータ応用として，図2(上左)のように長さ10 mm，直径2 mmのステンレスチューブの曲面に圧電厚膜をコーティングすると，円筒型の超音波モータとして駆動できることが確認されています(図2(下右))[9]．この構造は，ここで紹介した円柱型超音波モータとほぼ同等です．金属チューブ表面に圧電膜をコーティングして円筒型で実現した構造です．ロータとの接点を金属チューブにすることができるので，摩耗性についても改善できると考えられます．

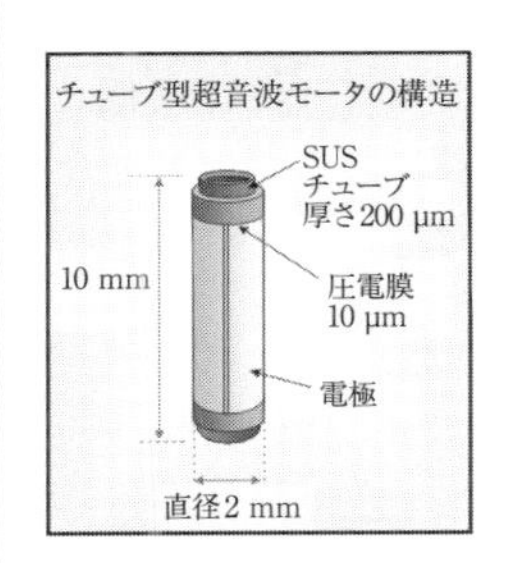

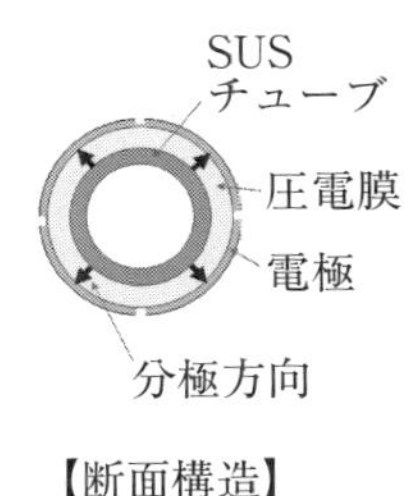

【断面構造】

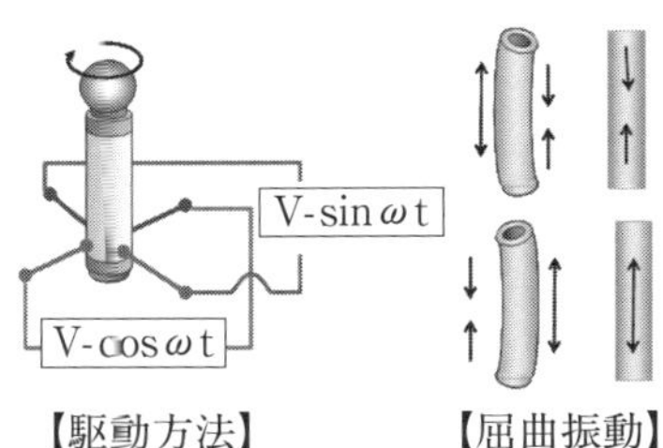

【駆動方法】 【屈曲振動】

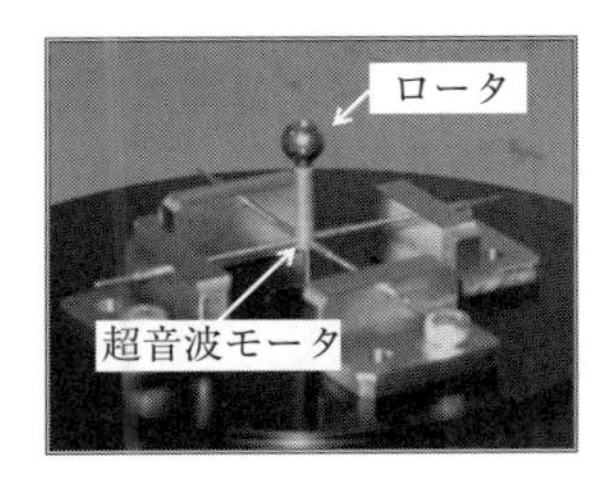

【超音波モータの特性評価】

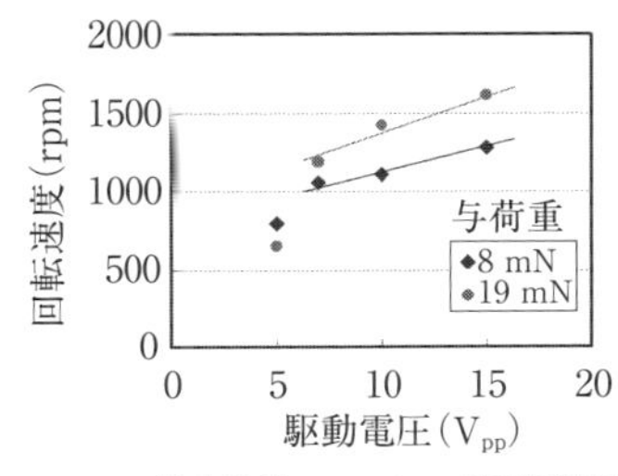

【超音波モータの駆動特性】

図2 ステンレス基板に圧電膜を形成した円筒型超音波モータ

【参考資料】 吉田哲男，清水洋[7]，阿部洋，吉田哲男，敦賀紀久夫[8]より．

〈例題 6.1〉

外形 2×2 mm，高さ 3 mm の条件で多層圧電アクチュエータを設計し，インパクト駆動で移動体を速度 2 mm/s，駆動周波数 60 kHz（ノコギリ状の駆動電圧波形），駆動電圧 2.5 V で動かしたい．圧電定数を $d_{33}=600$ pm/V とするとき，次の問いに答えよ．

(1) 1 回の駆動で要求される変位を求めよ．

(2) その変位を得るために必要なアクチュエータの積層数と各層の厚さを求めよ．

〈解答〉

(1) 1 秒間に 2 mm の変位を 60 kHz の周波数，すなわち 1 秒間に 6 万回の駆動で実現する．したがって，1 回の変位は 2 mm＝2,000 μm であるから

$$2{,}000\ \mu\text{m}/60{,}000\text{回}=0.033\ \mu\text{m}=33\ \text{nm}$$

(2) 式(6.2)より

$$n=33\times10^{-9}/(600\times10^{-12}\times2.5)=22$$

となり，22 層の積層構造にすればよいことになる．1 層の厚さ h は，外形高さが 3 mm であるので

$$h=3\ \text{mm}/22=0.136\ \text{mm}$$

6.2　圧電積層板の曲げ

図 6.4 に示すように，直交座標系 O-x_1, x_2, x_3 において，厚さ h の**圧電積層板**（laminated plate）を考え，圧電積層板の中央面と x_1-x_2 平面を一致させる．また，**ラミナ**（lamina）と呼ばれる単層板の分極方向を x_3 方向とし，各ラミナの厚さは h_k である．薄板理論[10]では，**積層中央面**（middle surface）すなわち x_1-x_2 面に垂直な厚さ方向の線要素は，負荷によって平行移動と回転をするだけで，伸びたり縮んだりしないとする．したがって，変位成分は次のように表すことができる．

$$u_1=u_0(x_1,x_2,t)-x_3\frac{\partial w_0(x_1,x_2,t)}{\partial x_1}$$

$$u_2=v_0(x_1,x_2,t)-x_3\frac{\partial w_0(x_1,x_2,t)}{\partial x_2}$$

$$u_3=w_0(x_1,x_2,t) \tag{6.7}$$

式(6.7)において，第 1 項の u_0，v_0 はそれぞれ中央面上にある点の x_1 方向，x_2 方向

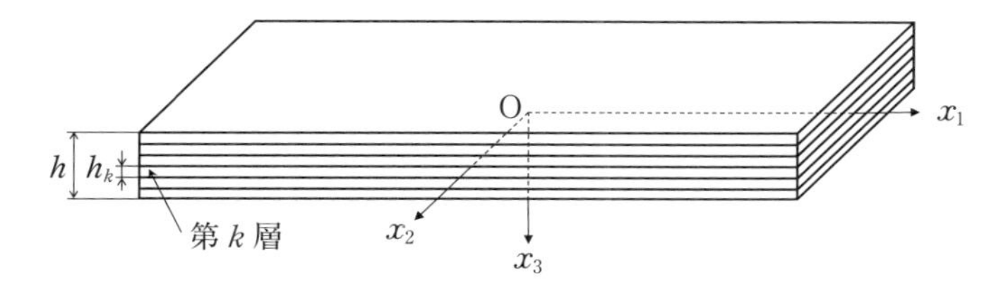

図 6.4　圧電積層板

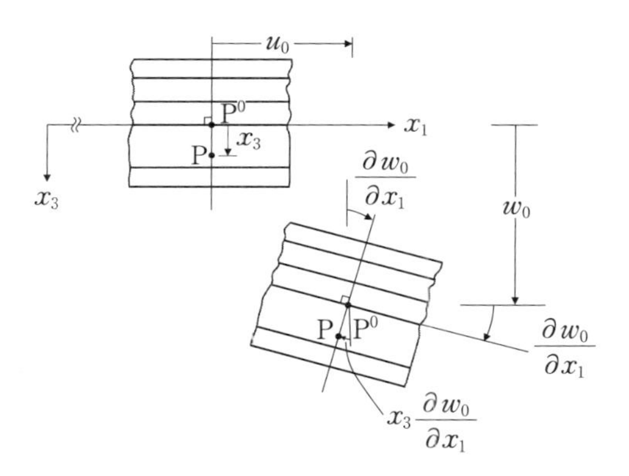

図 6.5　線要素の移動と回転

の**面内変位**(in-plane displacement)，w_0 は x_3 方向の**面外変位**(out-of-plane displacement)であり，いずれも**図 6.5** に示すように線要素 $\mathrm{P}^0\mathrm{P}$ の平行移動を表す．また，第 1 式，第 2 式の第 2 項は線要素 $\mathrm{P}^0\mathrm{P}$ の回転に関係している．

式(6.7)を式(3.70)に代入すると，ひずみ成分

$$
\begin{aligned}
\varepsilon_{11} &= \frac{\partial u_0}{\partial x_1} - x_3\frac{\partial^2 w_0}{\partial x_1^2} = \varepsilon_{11}^0 + x_3\kappa_1 \\
\varepsilon_{22} &= \frac{\partial v_0}{\partial x_2} - x_3\frac{\partial^2 w_0}{\partial x_2^2} = \varepsilon_{22}^0 + x_3\kappa_2 \\
\varepsilon_{12} &= \frac{1}{2}\left(\frac{\partial u_0}{\partial x_2} + \frac{\partial v_0}{\partial x_1}\right) - x_3\frac{\partial^2 w_0}{\partial x_1 \partial x_2} = \varepsilon_{12}^0 + x_3\kappa_{12}
\end{aligned}
\tag{6.8}
$$

が得られる．ここで，

$$\varepsilon_{11}^0 = \frac{\partial u_0}{\partial x_1}$$

$$\varepsilon_{22}^0 = \frac{\partial v_0}{\partial x_2}$$

$$\varepsilon_{12}^0 = \frac{1}{2}\left(\frac{\partial u_0}{\partial x_2} + \frac{\partial v_0}{\partial x_1}\right) \tag{6.9}$$

は中央面のひずみ成分であり，また，

$$\kappa_1 = -\frac{\partial^2 w_0}{\partial x_1^2}$$

$$\kappa_2 = -\frac{\partial^2 w_0}{\partial x_2^2}$$

$$\kappa_{12} = -\frac{\partial^2 w_0}{\partial x_1 \partial x_2} \tag{6.10}$$

は**曲率**(curvature)である．なお，ε_{33} は0となる．

6.3　積層はりの曲げ理論

図6.6に示ように，長さ l，幅 w，厚さ h の圧電積層板を考え，電気弾性対称軸 x_1, x_2, x_3 と，座標軸 x, y, z を一致させる．また，$w/l \ll 1$ および $h/l \ll 1$ を仮定する．**図6.7**に示すように，全体の積層数を N とし，第 k 層の厚さは $h_k = z_k - z_{k-1}(k=1, ..., N)$，$z_k$ は第 k 層の下面の座標を示し，$z_0 = -h/2$ は第1層上面の座標，$z_N = h/2$ は第 N 層下面の座標である．

x-z 面において z 方向に分布荷重または集中荷重が作用する場合，積層板には**曲げ変形**(bending deformation)が生じる．また，第 k 層の圧電層に z 方向の一様な電場

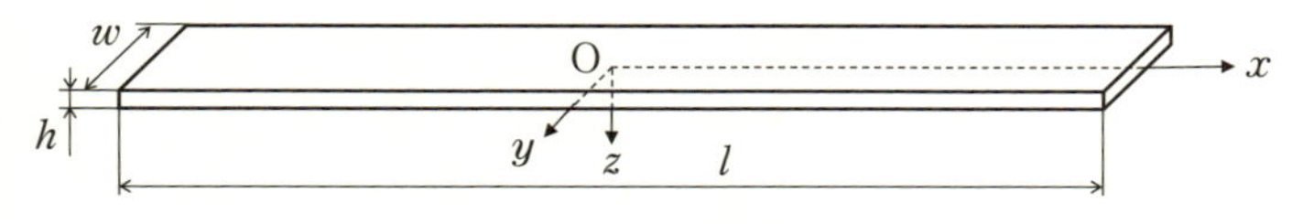

図6.6　圧電積層板

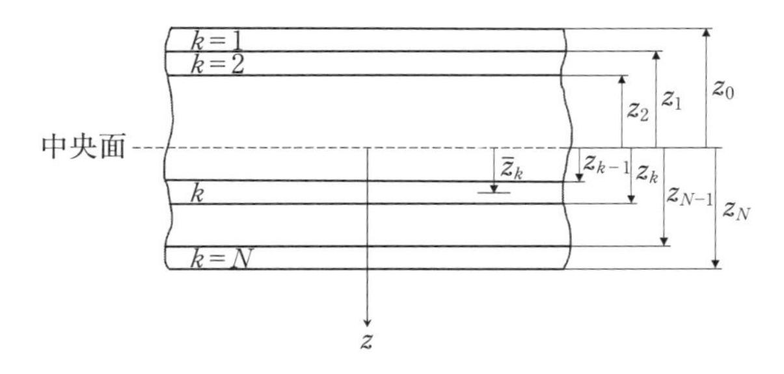

図 6.7　N 層圧電積層板

を作用させた場合，第 k 層は x 方向に伸びるか縮もうとするが，他の層は変形しないので，積層板は曲がろうとする．このような曲げ変形する薄くて長い構造物を**はり**(beam)という．

はりの幅は狭い($w/l \ll 1$)ため，**古典はり理論**(classical beam theory)を使って，y 方向の変形を無視し，電気力学的変数も y 座標に依存しないとする．また，計算自体を大幅に簡略化するため，せん断ひずみ ε_{xz} を無視する．

式(6.7)より，変位成分は次のように表すことができる．

$$u_x = u_0(x,t) - z\frac{\partial w_0(x,t)}{\partial x}$$

$$u_z = w_0(x,t) \tag{6.11}$$

また，垂直ひずみ成分 ε_{xx} は式(6.8)の第1式より

$$\varepsilon_{xx} = \frac{\partial u_0}{\partial x} - z\frac{\partial^2 w_0}{\partial x^2} = \varepsilon_{xx}^0 + z\kappa_x \tag{6.12}$$

で与えられる．式(6.12)の $z\kappa_x$ を曲げひずみという．

一次元の構成方程式は，式(4.1)，(4.2)で表される．したがって，第 k 層の応力および電束密度の成分は

$$(\sigma_{xx})_k = \left(\frac{1}{s_{11}^{\mathrm{E}}}\right)_k \varepsilon_{xx} - \left(\frac{d_{31}}{s_{11}^{\mathrm{E}}}\right)_k (E_z)_k \tag{6.13}$$

$$(D_z)_k = \left(\frac{d_{31}}{s_{11}^{\mathrm{E}}}\right)_k \varepsilon_{xx} + \left(\frac{d_{31}}{s_{11}^{\mathrm{E}}} + \epsilon_{33}^{\mathrm{T}}\right)_k (E_z)_k \tag{6.14}$$

となる．変位とひずみは厚さ方向全体にわたって連続であるため，積層はり全体に対して共通である．したがって，ひずみ成分には下付き添え字 k は不要である．

6.3.1　合力，合モーメントおよび電束密度

N 層圧電積層はりの単位幅当たりの**合力**(resultant force)を次のように定義する．

$$N_{xx}=\int_{-h/2}^{h/2}\sigma_{xx}\mathrm{d}z=\sum_{k=1}^{N}\int_{z_{k-1}}^{z_k}(\sigma_{xx})_k\mathrm{d}z \tag{6.15}$$

同様に，単位幅当たりの**合モーメント**(resultant moment)を

$$M_{xx}=\int_{-h/2}^{h/2}\sigma_{xx}z\mathrm{d}z=\sum_{k=1}^{N}\int_{z_{k-1}}^{z_k}(\sigma_{xx})_k z\mathrm{d}z \tag{6.16}$$

とおく．式(6.12)を考慮し，式(6.13)を式(6.15)，(6.16)に代入すると，

$$N_{xx}=A_{11}\varepsilon_{xx}^0-B_{11}\frac{\partial^2 w_0}{\partial x^2}-N_{xx}^{\mathrm{E}} \tag{6.17}$$

$$M_{xx}=B_{11}\varepsilon_{xx}^0-D_{11}\frac{\partial^2 w_0}{\partial x^2}-M_{xx}^{\mathrm{E}} \tag{6.18}$$

が得られる．ここで，N_{xx}^{E}，M_{xx}^{E} は，圧電積層材料特有の負荷電場による単位幅当たりの合力，合モーメントで，次のように定義される．

$$N_{xx}^{\mathrm{E}}=\sum_{k=1}^{N}\int_{z_{k-1}}^{z_k}\left(\frac{d_{31}}{s_{11}^{\mathrm{E}}}\right)_k(E_z)_k\mathrm{d}z \tag{6.19}$$

$$M_{xx}^{\mathrm{E}}=\sum_{k=1}^{N}\int_{z_{k-1}}^{z_k}\left(\frac{d_{31}}{s_{11}^{\mathrm{E}}}\right)_k(E_z)_k z\mathrm{d}z \tag{6.20}$$

また，式(6.17)，(6.18)の A_{11}, B_{11}, D_{11} は

$$\begin{aligned}(A_{11},B_{11},D_{11})&=\sum_{k=1}^{N}\int_{z_{k-1}}^{z_k}\left(\frac{1}{s_{11}^{\mathrm{E}}}\right)_k(1,z,z^2)\mathrm{d}z\\&=\sum_{k=1}^{N}\left(\frac{1}{s_{11}^{\mathrm{E}}}\right)_k\left(h_k,h_k\bar{z}_k,h_k\bar{z}_k{}^2+\frac{h_k^3}{12}\right)\end{aligned} \tag{6.21}$$

であり，$\bar{z}_k$ は図6.7に示した通り，積層板の中央面から第 k 層の中央面までの距離である．A_{11} は面内合力と中央面のひずみとを関係づける単位幅あたりの**伸張剛性係数**(extensional stiffness)，B_{11} は合力と曲率，合モーメントと中央面におけるひずみとを結びつける単位幅あたりの曲げ-伸張**カップリング係数**(coupling stiffness)，D_{11} は合モーメントと曲率を関係づける単位幅あたりの**曲げ剛性係数**(bending stiffness)である．圧電積層板が中央面に関して対称であるとき，$B_{11}=0$ となる．

式(6.14)より，式(6.12)を考慮すると，電束密度成分

$$(D_z)_k = \left(\frac{d_{31}}{s_{11}^{\mathrm{E}}}\right)_k \left(\varepsilon_{xx}^0 - z\frac{\partial^2 w_0}{\partial x^2}\right) + \left(\frac{d_{31}}{s_{11}^{\mathrm{E}}} + \epsilon_{33}^{\mathrm{T}}\right)_k (E_z)_k \tag{6.22}$$

が得られる．

6.3.2 たわみ曲線の微分方程式

運動方程式(3.68)を圧電積層はりの厚さ方向に積分すると，**たわみ曲線**(deflection curve) w_0 の微分方程式を導くことができる．単純化のため，物体力 f_i を無視する．式(3.68)の第 3 式に対して，それぞれの層について項ごとに積分し，板の断面全体について加えると，

$$\frac{\partial Q_x}{\partial x} + p = \rho^{\mathrm{c}} \frac{\partial^2 w_0}{\partial t^2} \tag{6.23}$$

を得る．ここで，

$$Q_x = \int_{-h/2}^{h/2} \sigma_{zx} \mathrm{d}z = \sum_{k=1}^{N} \int_{z_{k-1}}^{z_k} (\sigma_{zx})_k \mathrm{d}z \tag{6.24}$$

は単位幅当たりの**合せん断力**(vertical shear force)である．また，p は

$$p = p(x, y) = \sigma_{zz}(h/2) - \sigma_{zz}(-h/2) \tag{6.25}$$

で与えられ，応力 $\sigma_{zz}(h/2)$，$\sigma_{zz}(-h/2)$ は圧電積層はりの上下面に加わる垂直応力である．さらに，積層はり全体の質量密度 ρ^{c} は次式で与えられる．

$$\rho^{\mathrm{c}} = \int_{-h/2}^{h/2} \rho \mathrm{d}z = \sum_{k=1}^{N} \rho_k (h_k - h_{k-1}) \tag{6.26}$$

ここで，ρ_k は第 k 層の質量密度である．

力に関する微分方程式に加え，x，y 方向の 2 つのモーメントに関する微分方程式が必要である．式(3.68)の第 1 式，第 2 式に z を掛け，各層について積分し，はりの断面全体について加えると，モーメントに関する微分方程式

$$\frac{\partial M_{xx}}{\partial x} - Q_x = 0 \tag{6.27}$$

および

$$\frac{\partial M_{xy}}{\partial x} = 0 \tag{6.28}$$

を得る．最後に，式(6.27)，(6.28)を微分し，式(6.23)に代入すると，

$$\frac{\partial^2 M_{xx}}{\partial x^2} + p = \rho^{\mathrm{c}} \frac{\partial^2 w_0}{\partial t^2} \tag{6.29}$$

が得られる．

いま，中央面対称の場合を考える．このとき，$B_{11}=0$ となるので，式(6.18)は

$$\frac{\partial^2 w_0}{\partial x^2} = -\frac{M_{xx} + M_{xx}^{\mathrm{E}}}{D_{11}} \tag{6.30}$$

となる．ここで，**断面二次モーメント**(moment of inertia of cross sectional area)

$$I_z = \int_{-h/2}^{h/2} z^2 \mathrm{d}z = \frac{wh^3}{12} \tag{6.31}$$

を導入し，曲げモーメントを $M = wM_{xx}$ とすると，式(6.30)は

$$\frac{d^2 w_0}{dx^2} = -\frac{M + wM_{xx}^{\mathrm{E}}}{E_{11}^{\mathrm{c}} I_z} \tag{6.32}$$

となる．ここで

$$E_{11}^{\mathrm{c}} = \frac{12}{h^3} D_{11} \tag{6.33}$$

は積層はりの**有効曲げ弾性率**(effective bending modulus)である．式(6.29)と式(6.32)より，たわみ曲線 w_0 の微分方程式は次のように表される．

$$E_{11}^{\mathrm{c}} I_z \frac{\partial^4 w_0}{\partial x^4} + w \frac{\partial^2 M_{xx}^{\mathrm{E}}}{\partial x^2} = pw - \rho^{\mathrm{c}} w \frac{\partial^2 w_0}{\partial t^2} \tag{6.34}$$

静的曲げの場合，単純支持された圧電積層はりの境界条件は次のように与えられる．

$$M_{xx} = 0, \quad w_0 = 0 \tag{6.35}$$

また，両端固定圧電積層はりの境界条件は

$$w_0 = 0, \quad \frac{\partial w_0}{\partial x} = 0 \tag{6.36}$$

となる．式(6.36)の第2式は**たわみ角**(angle of deflection)が0であることを意味する．

〈例題 6.2〉

図 6.8 に示すように，中央に集中荷重 F_0 を受ける長さ l の両端単純支持 3 層圧電積層はりを考える．はりは，z 方向に分極された厚さ h^{p} の圧電層が，厚さ h^{e} の弾性層の上下両面に積層されたもので，幅 w，厚さ h とする．また，はりの有効曲げ弾性率は E_{11}^{c} である．電場が作用しない場合，以下の問いに答えよ．

(1) 最大たわみ量 $w_{0\,\max}$ を求めよ．

(2) 荷重 F_0 による最大たわみを $w_{0\,\max}$ とするとき，有効曲げ弾性率を求めよ．

〈解答〉

(1) 電場が作用しない場合，

$$M_{xx}^{\mathrm{E}}=0$$

となり，単位幅あたりの曲げモーメントは

$$M_{xx}=\frac{F_0 x}{2w}\quad (0\leq x\leq l/2)$$

上式を式(6.32)に代入すると

$$\frac{d^2 w_0}{dx^2}=-\frac{F_0 x}{2E_{11}^{\mathrm{c}} I_z} \tag{ⓐ}$$

単純支持の場合，$x=0$ の境界条件は式(6.35)で与えられる．一方，対称性から，$x=l/2$ のところで

$$\frac{dw_0}{dx}=0 \tag{ⓑ}$$

式ⓐを積分して，条件(6.35)とⓑを考慮すると

$$w_0=-\frac{F_0 x}{48E_{11}^{\mathrm{c}} I_z}(4x^2-3l^2)$$

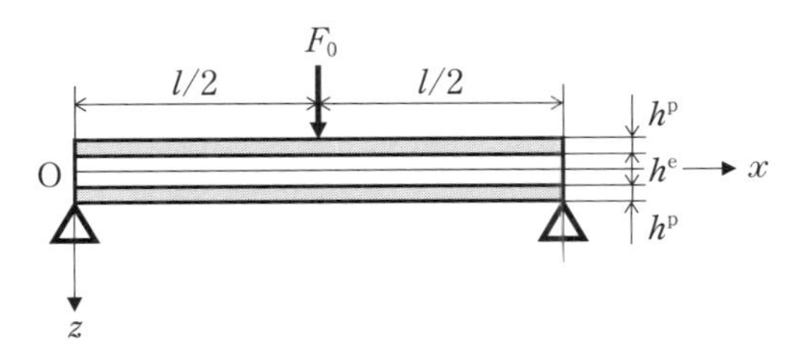

図 6.8　集中荷重を受ける両端単純支持 3 層圧電積層はり

最大たわみは $x=l/2$ として

$$w_{0\,\max}=\frac{F_0 l^3}{48E_{11}^{\mathrm{c}}I_z} \tag{ⓒ}$$

（2）式ⓒに式(6.31)を代入して

$$E_{11}^{\mathrm{c}}=\frac{l^3}{4wh^3}\left(\frac{F_0}{w_{0\,\max}}\right)$$

〈例題 6.3〉

図 6.9 に示すように，2層圧電積層はりを考え，電場が作用しない**純曲げ**(pure bending)状態を仮定する．第1層($k=1$)は縦弾性係数 $(E_{11})_1=E_{11}^{\mathrm{p}}$，厚さ h^{p} の圧電層であり，第2層($k=2$)は縦弾性係数 $(E_{11})_2=E_{11}^{\mathrm{e}}$，厚さ h^{e} の弾性層である．**曲率半径**(radius of curvature)を $1/\kappa_x$ とするとき，2層圧電積層はりの中立面の位置 h_{n} を求め，圧電層の中央面から**中立面**(neutral plane)までの距離 $h_{\mathrm{c}}^{\mathrm{p}}$ を決定せよ．

〈解答〉

純曲げの場合，曲げひずみは，中立面からの距離に比例し，はりの上面から下面まで直線的に変化する．純曲げの場合を考えているので，式(6.12)において $\varepsilon_{xx}^0=0$ とし，式(3.56)の第1式を考慮して式(6.13)を用いると，電場が作用しない場合の2層圧電積層はりの垂直応力すなわち曲げ応力は

$$(\sigma_{xx})_1=E_{11}^{\mathrm{p}}(z-h_{\mathrm{n}})\kappa_x \tag{ⓐ}$$

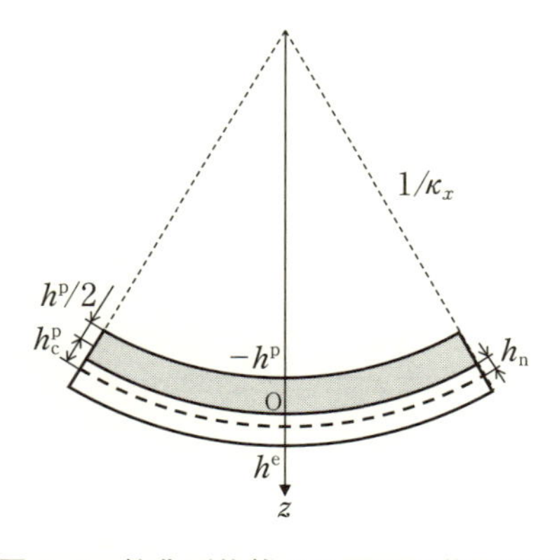

図 6.9　純曲げ状態の2層圧電積層はり

$$(\sigma_{xx})_2 = E_{11}^{\mathrm{e}}(z - h_{\mathrm{n}})\kappa_x \qquad ⓑ$$

中立面の位置は合力が 0 となる条件から求めることができる．式(6.15)より，合力は

$$N_{xx} = \sum_{k=1}^{2}\int_{z_{k-1}}^{z_k} (\sigma_{xx})_k \mathrm{d}z = 0 \qquad ⓒ$$

式ⓐとⓑを，式ⓒに代入すると，中立軸は

$$\int_{-h^{\mathrm{p}}}^{0} E_{11}^{\mathrm{p}}(z - h_{\mathrm{n}})\mathrm{d}z + \int_{0}^{h^{\mathrm{e}}} E_{11}^{\mathrm{e}}(z - h_{\mathrm{n}})\mathrm{d}z = 0$$

から求まり，

$$h_{\mathrm{n}} = \frac{-E_{11}^{\mathrm{p}}(h^{\mathrm{p}})^2 + E_{11}^{\mathrm{e}}(h^{\mathrm{e}})^2}{2(E_{11}^{\mathrm{p}}h^{\mathrm{p}} + E_{11}^{\mathrm{e}}h^{\mathrm{e}})}$$

したがって

$$h_{\mathrm{c}}^{\mathrm{p}} = \frac{h^{\mathrm{p}}}{2} + h_{\mathrm{n}} = \frac{E_{11}^{\mathrm{e}}h^{\mathrm{e}}(h^{\mathrm{p}} + h^{\mathrm{e}})}{2(E_{11}^{\mathrm{p}}h^{\mathrm{p}} + E_{11}^{\mathrm{e}}h^{\mathrm{e}})}$$

6.3.3　曲げ誘起電荷

図 6.10 に示す直交座標系 O-x, y, z において，一端が固定された長さ l，幅 w，厚さ h の圧電積層はりを考える．積層はりは N 層とし，簡単のため，第 1 層($k=1$)を縦弾性係数 E_{11}^{p}，圧電定数 d_{31} の圧電層，他の層($k=2, \dots, N$)を縦弾性係数 E_{11}^{e} の弾性層とする．また，はりに一定の曲げモーメント M だけが作用する純曲げ状態を考え，電場は作用していないものとする．

純曲げ状態を考えているので，式(6.12)の ε_{xx}^0 を無視することができる．したがって，N 層圧電積層はりの中立面から各層の中央面までの距離を z' とおくと，垂直ひずみすなわち曲げひずみは

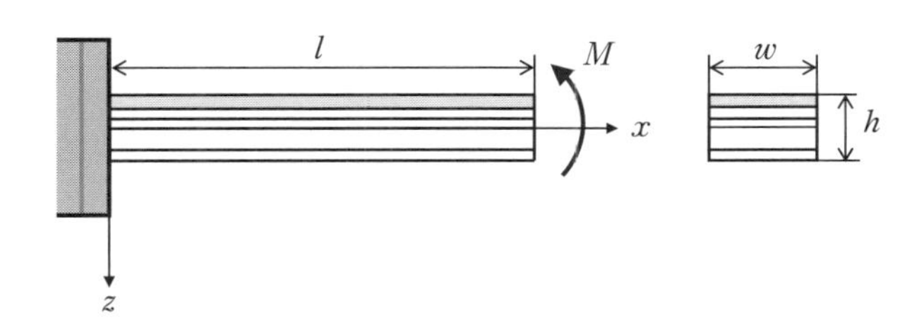

図 6.10　純曲げを受ける片持ち多層圧電積層はり

$$\varepsilon_{xx} = z'\kappa_x \tag{6.37}$$

で表される．圧電層には電場が作用していないので，式(3.56)の第1式を式(6.14)に代入すると，第 k 層の電束密度は

$$(D_z)_k = (d_{31})_k (E_{11})_k \varepsilon_{xx} \tag{6.38}$$

となる．N 層圧電積層はりの中立面から圧電層中央面までの距離を z_{p} とおき，式(6.37)を式(6.38)に代入すると，圧電層に生じる電束密度

$$(D_z)_1 = (d_{31})_1 (E_{11})_1 z_{\mathrm{p}} \kappa_x \tag{6.39}$$

が得られる．式(6.39)を式(3.81)に代入すると，電極表面上の全電荷は次式のように求まる．

$$Q = w\int_0^l (d_{31})_1 (E_{11})_1 z_{\mathrm{p}} \kappa_x \mathrm{d}x = w\int_0^l d_{31} E_{11}^{\mathrm{p}} z_{\mathrm{p}} \kappa_x \mathrm{d}x \tag{6.40}$$

曲げモーメント M によって積層はりは曲率 κ_x でたわむ．式(6.40)は曲率によって誘起される電荷を表している．ここで，曲げモーメントと電荷の関係を求めておくと，様々な荷重によって生じる電荷を知ることができるので，都合がよい．

式(3.56)の第1式と式(6.37)を式(6.13)に代入すると，第 k 層の曲げ応力は

$$(\sigma_{xx})_k = (E_{11})_k z'\kappa_x \tag{6.41}$$

となる．式(6.16)より，曲げモーメントは

$$M = w\sum_{k=1}^{N}\int_{z_{k-1}}^{z_k} (\sigma_{xx})_k z\,\mathrm{d}z \tag{6.42}$$

で与えられるので，式(6.42)に式(6.41)を代入し，例題6.3で示したように，中立面の位置を h_{n} とおいて $z' = z - h_{\mathrm{n}}$ とすると，

$$M = w\sum_{k=1}^{N}\int_{z_{k-1}}^{z_k} (E_{11})_k z'\kappa_x z\,\mathrm{d}z = w\kappa_x \sum_{k=1}^{N}\int_{z_{k-1}}^{z_k} [(E_{11})_k z^2 - (E_{11})_k h_{\mathrm{n}} z]\mathrm{d}z \tag{6.43}$$

が得られる．式(6.21)，(6.31)から，曲げモーメントは

$$M = \kappa_x\left(\sum_{k=1}^{N}(E_{11})_k[A_k \bar{z}_k{}^2 + (I_z)_k] - h_{\mathrm{n}}\sum_{k=1}^{N}(E_{11})_k A_k \bar{z}_k\right) \tag{6.44}$$

となる．ただし，$A_k = wh_k$，$(I_z)_k$ は第 k 層の断面二次モーメントである．x-y 平面と N 層圧電積層はりの中立面を一致させ，$h_{\mathrm{n}} = 0$ とすると，式(6.44)は次のように簡単になる．

$$M = \kappa_x \sum_{k=1}^{N}(E_{11})_k[A_k \bar{z}_k{}^2 + (I_z)_k] \tag{6.45}$$

式(6.45)からκ_xを求め，式(6.40)に代入すると，曲げモーメントによって生じる全電荷は

$$Q = w\int_0^l d_{31} E_{11}^{\mathrm{p}} z_{\mathrm{p}} \frac{M}{\sum_{k=1}^{N} (E_{11})_k [A_k \bar{z}_k^{\,2} + (I_z)_k]} \mathrm{d}x \tag{6.46}$$

となる．はりに作用する荷重の形態と支持方法が決まれば，曲げモーメントが求まる[11].

6.4 曲げアクチュエータ

曲げアクチュエータ(bending actuator)は電場に応答して大きなたわみを生じるように設計される[12]．このたわみにより，大きなストロークが得られるほか，精密な力制御が可能となる．**図 6.11** は典型的な曲げアクチュエータを示したものである．圧電層を 2 層重ねたものを圧電**バイモルフ**(bimorph)と呼び，圧電バイモルフには製造方法の違いによりいくつかのタイプがある．

図 6.11(a),(b)に示したタイプの圧電バイモルフには，厚さ h^{p} の圧電層の間に電極が存在しない．上部電極と下部電極の間に電圧 V_0 を印加することにより，バイモルフに電場が負荷される．この電場は電圧 V_0 を電極間の総距離 $2h^{\mathrm{p}}$ で割ったものに等しい．一方の圧電層が膨張し，もう一方の圧電層が収縮すると，アクチュエータが曲がる．タイプ(a)および(b)のバイモルフは，**シリーズ型バイモルフ**(series bimorph)と呼ばれており，圧電定数の符号が唯一の違いである．

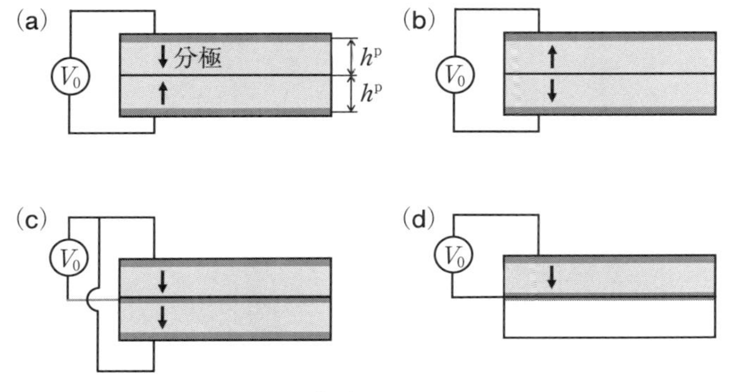

図 6.11 曲げアクチュエータ

図6.11(c)に示したタイプの圧電バイモルフには，界面に中間電極が存在する．圧電層間に作用する電場は電圧 V_0 を電極間距離 h^{p} で割ったものに等しい．したがって，タイプ(c)に作用する電場はタイプ(a)および(b)の2倍となり，他のパラメータがすべて一定であれば，タイプ(c)のたわみもタイプ(a)および(b)の2倍になる．タイプ(c)は**パラレル型バイモルフ**(parallel bimorph)と呼ばれている．

図6.11(d)に示したタイプは，上下面に電極が付いている圧電層と非圧電層(弾性基板)を全長にわたって積層した構造となっている．タイプ(d)は，弾性基板の性質や厚さによって電場誘起たわみが変化する．タイプ(d)は**ユニモルフ**(unimorph)または**モノモルフ**(monomorph)と呼ばれている．

曲げアクチュエータは通常2つのパラメータを考慮して設計される．すなわち，**自由変位**(free displacement) $w_{0\,\mathrm{max}}$ とブロッキング力 F_{b} である．いま，シリーズ型バイモルフアクチュエータ(b)とユニモルフアクチュエータ(d)の先端たわみを求めてみよう．

6.4.1　バイモルフ

図6.12に示すように，一端が固定され，電圧 V_0 が作用する長さ l，幅 w，厚さ h のシリーズ型バイモルフアクチュエータを考える．x-y 平面とバイモルフアクチュエータの界面とを一致させ，圧電層 $(k=1,2)$ の縦弾性係数を E_{11}^{p}，厚さを $h^{\mathrm{p}}=h/2$ とする．バイモルフアクチュエータには電圧 V_0 によって電場 $E_z=(E_z)_1=(E_z)_2$ が作用している．

圧電層の構成方程式は式(6.13)，(6.14)で与えられる．ここでは，応力によって生じる電場は負荷電場に比べて極めて小さいとして無視し，式(6.13)のみを考える．こ

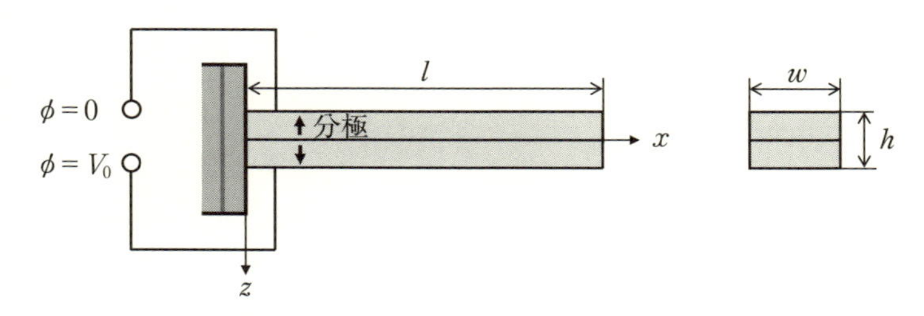

図6.12　シリーズ型バイモルフアクチュエータの片持ちはり

の場合，式(3.56)の第1式を考慮すると，応力は次のように与えられる．

$$(\sigma_{xx})_1 = E_{11}^{\mathrm{p}} \varepsilon_{xx} - E_{11}^{\mathrm{p}} d_{31} E_z \tag{6.47}$$

$$(\sigma_{xx})_2 = E_{11}^{\mathrm{p}} \varepsilon_{xx} - E_{11}^{\mathrm{p}} d_{31} E_z \tag{6.48}$$

上層と下層の負荷電場による曲げモーメントは等しい．したがって，式(6.10)の第1式と式(6.32)より

$$\kappa_x = -\frac{d^2 w_0}{dx^2} = \frac{w M_{xx}^{\mathrm{EU}}}{E_{11}^{\mathrm{p}} I_z} = \frac{w M_{xx}^{\mathrm{EL}}}{E_{11}^{\mathrm{p}} I_z} \tag{6.49}$$

が成立する．ここで，電場による単位幅あたりの合モーメント M_{xx}^{E} における上付き添え字UおよびLはそれぞれ上層および下層を示す．式(6.20)と式(3.56)の第1式より，電場による合モーメントは次のようになる．

$$\begin{aligned} M_{xx}^{\mathrm{EU}} &= \int_{-h/2}^{0} E_{11}^{\mathrm{p}} (-d_{31}) E_z z \mathrm{d}z \\ &= \frac{E_{11}^{\mathrm{p}} d_{31} h^2 E_z}{8} = M_{xx}^{\mathrm{EL}} \end{aligned} \tag{6.50}$$

式(6.50)と(6.31)を，式(6.49)に代入すると，次のたわみ曲線の微分方程式が得られる．

$$\frac{\partial^2 w_0}{\partial x^2} = -\frac{3 d_{31} E_z}{2h} \tag{6.51}$$

片持ちはりの場合，固定端$(x=0)$におけるたわみ w_0 とたわみ角 $\partial w_0/\partial x$ は，式(6.36)と同様に0となる．式(6.51)を2回積分し，境界条件を考慮すると，たわみ

$$w_0 = -\frac{3 d_{31} E_z}{4h} x^2 \tag{6.52}$$

が得られる．たわみは自由端$(x=l)$で最大になるので，上部電極がアースされ，下部電極に電圧 V_0 が印加される場合，式(6.52)より，最大たわみ

$$w_{0\,\max} = \frac{3}{4} d_{31} \left(\frac{l}{h} \right)^2 V_0 \tag{6.53}$$

が得られる．

6.4.2 ユニモルフ

図6.13に示すように，一端が固定され，上層に電圧 V_0 が作用する長さ l，幅 w，厚さ h のユニモルフアクチュエータを考える．x-y 平面とユニモルフアクチュエータの界面とを一致させ，圧電層 $(k=1)$ の縦弾性係数を E_{11}^{p}，弾性基板 $(k=2)$ の縦弾性係数を E_{11}^{e}，圧電層と弾性基板の厚さをそれぞれ h^{p} と h^{e} とする．ユニモルフアクチュエータには電圧 V_0 によって電場 $E_z=(E_z)_1$ が作用している．

圧電層の構成方程式は式(6.47)で与えられる．また，弾性基板の構成方程式は次のようになる．

$$(\sigma_{xx})_2=E_{11}^{\mathrm{e}}\varepsilon_{xx} \tag{6.54}$$

圧電層の曲げモーメントは，例題6.3のように中立面の位置を h_{n} とおくと，

$$\begin{aligned}M_{xx}^{\mathrm{EU}}&=-\int_{-h^{\mathrm{p}}}^{0}E_{11}^{\mathrm{p}}(d_{31}E_z-\varepsilon_{\mathrm{c}})(z-h_{\mathrm{n}})\mathrm{d}z\\&=\frac{E_{11}^{\mathrm{e}}h^{\mathrm{e}}}{(E_{11}^{\mathrm{p}}h^{\mathrm{p}}+E_{11}^{\mathrm{e}}h^{\mathrm{e}})}M_{\mathrm{E}}\end{aligned} \tag{6.55}$$

で与えられ，上式中の M_{E} は

$$M_{\mathrm{E}}=\frac{E_{11}^{\mathrm{p}}E_{11}^{\mathrm{e}}h^{\mathrm{p}}h^{\mathrm{e}}(h^{\mathrm{p}}+h^{\mathrm{e}})d_{31}E_z}{2(E_{11}^{\mathrm{p}}h^{\mathrm{p}}+E_{11}^{\mathrm{e}}h^{\mathrm{e}})} \tag{6.56}$$

となる．また，式(6.55)における ε_{c} は次式を満たす面内の垂直ひずみである．

$$\int_{-h^{\mathrm{p}}}^{0}E_{11}^{\mathrm{p}}(\varepsilon_{\mathrm{c}}-d_{31}E_z)\mathrm{d}z+\int_{0}^{h^{\mathrm{e}}}E_{11}^{\mathrm{e}}\varepsilon_{\mathrm{c}}\mathrm{d}z=0 \tag{6.57}$$

式(6.57)は，合力が0になるという条件である．同様に，弾性基板の曲げモーメント

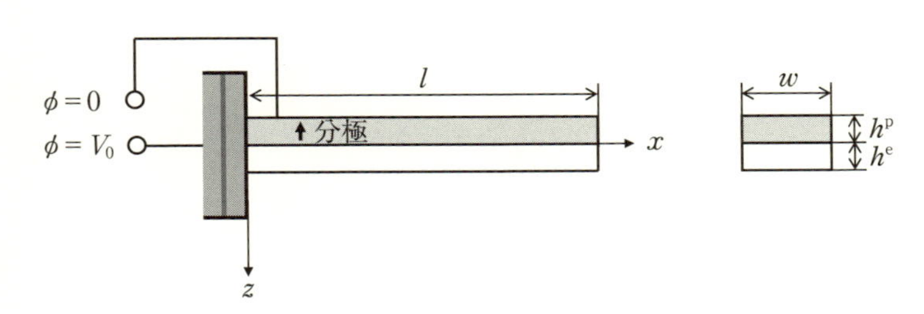

図6.13　ユニモルフアクチュエータの片持ちはり

は次のように求まる.

$$M_{xx}^{\mathrm{EL}} = -\int_0^{h^{\mathrm{e}}} E_{11}^{\mathrm{e}}(-\varepsilon_{\mathrm{c}})(z-h_{\mathrm{n}})\mathrm{d}z$$

$$= \frac{E_{11}^{\mathrm{p}} h^{\mathrm{p}}}{(E_{11}^{\mathrm{p}} h^{\mathrm{p}} + E_{11}^{\mathrm{e}} h^{\mathrm{e}})} M_{\mathrm{E}} \tag{6.58}$$

式(6.32)より，たわみ曲線の微分方程式

$$\frac{\partial^2 w_0}{\partial x^2} = -\frac{w(M_{xx}^{\mathrm{EU}} + M_{xx}^{\mathrm{EL}})}{E_{11}^{\mathrm{c}} I_z} \tag{6.59}$$

が得られるので，式(6.55)と(6.58)を代入すれば

$$\frac{\partial^2 w_0}{\partial x^2} = -\frac{w M_{\mathrm{E}}}{E_{11}^{\mathrm{c}} I_z} \tag{6.60}$$

となる.

上式を積分し，境界条件を考慮すると

$$w_0 = -\frac{w M_{\mathrm{E}}}{E_{11}^{\mathrm{c}} I_z} x^2 \tag{6.61}$$

が得られる．上部電極をアースし，下部電極に電圧 V_0 を印加すると，最大たわみは次のように求まる.

$$w_{0\,\max} = \frac{3E_{11}^{\mathrm{p}} E_{11}^{\mathrm{e}} h^{\mathrm{e}}(h^{\mathrm{p}} + h^{\mathrm{e}}) d_{31} l^2 V_0}{(E_{11}^{\mathrm{p}})^2 (h^{\mathrm{p}})^4 + (E_{11}^{\mathrm{e}})^2 (h^{\mathrm{e}})^4 + 2E_{11}^{\mathrm{p}} E_{11}^{\mathrm{e}} h^{\mathrm{p}} h^{\mathrm{e}} [2(h^{\mathrm{p}})^2 + 2(h^{\mathrm{e}})^2 + 3h^{\mathrm{p}} h^{\mathrm{e}}]} \tag{6.62}$$

【コラム6.5】 平面パネルスピーカ

圧電アクチュエータの曲げ変形を利用したパネル型スピーカを紹介します．第1章でスマートフォンの音響素子でパネル型スピーカが使用されていることを紹介しました．パネル型スピーカでは，下の写真に示すように，外形が長方形の積層型圧電素子をゴムモールドしてガラスパネルに接着し，ユニモルフ構造で使用されます．圧電素子に電圧が印加されると，屈曲振動が励起されガラスパネルが音声のレシーバとして機能します．通常のレシーバのように，ガラスパネルに切り欠き加工をする必要がないため，スマホの表示画面を最大限に利用できるという特徴があります．パネルを人間の軟骨に置き換えると骨伝導スピーカになります[13]．また，圧電アクチュエータを使用した薄型のスピーカも開発されています[14, 15]．

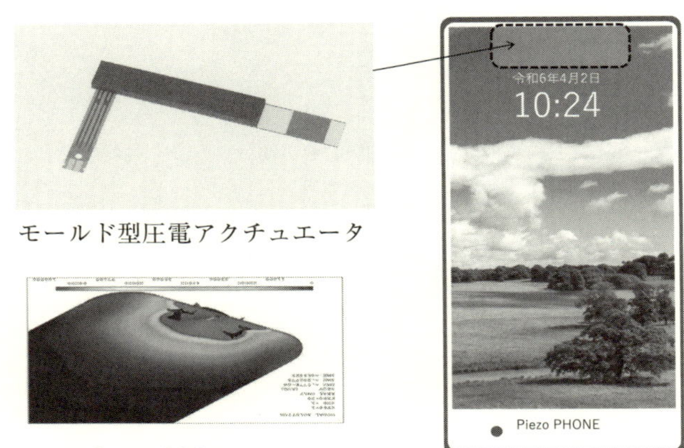

モールド型圧電アクチュエータ

ガラスパネルの振動シミュレーション

【参考資料】 阿部善幸，田村光男[13]，松井幸弘[14]，佐々木康弘，高橋尚武，大西康晴[15]より．

6.5　曲げセンサ

圧電積層はりに荷重が作用して曲げ変形が生じると，電荷が発生する．この性質を利用して，圧電積層はりは曲げ荷重を検出する**センサ**(sensor)として利用されている．

〈例題 6.4〉

図 6.14 に示すように，一端が固定された長さ l，幅 w，厚さ h の 2 層圧電積層はりを考え，自由端に集中荷重 F_0 が作用している．x-y 平面とはり中央面を一致させ，圧電層($k=1,2$)の縦弾性係数を E_{11}^{p}，圧電定数を d_{31}，厚さを $h^{\mathrm{p}}=h/2$ する．集中荷重 F_0 によって生じる電荷を求めよ．

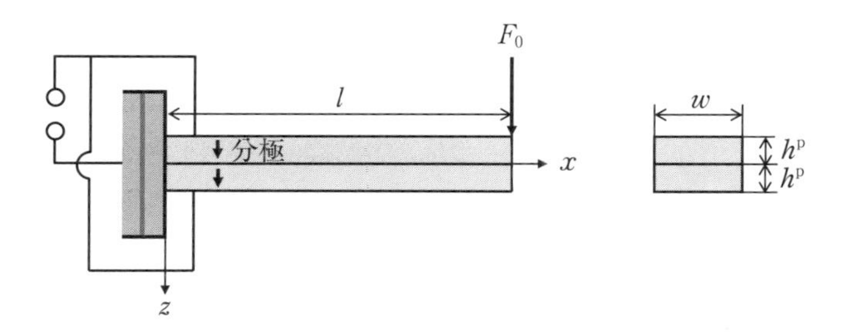

図 6.14　集中荷重を受けるシリーズ型バイモルフセンサの片持ちはり

〈解答〉

はりの任意の位置 x における曲げモーメントは

$$M=-F_0(l-x)\quad(0\leq x\leq l) \tag{ⓐ}$$

式ⓐと $z_{\mathrm{p}}=\bar{z}_k=h^{\mathrm{p}}/4$ を式(6.46)に代入すると

$$Q=-\int_0^l d_{31}\frac{12F_0(l-x)}{h^2}\,\mathrm{d}x$$

積分を実行して

$$Q=-3d_{31}\left(\frac{l}{h}\right)^2F_0$$

【参考文献】

[1]　J. V. Ramsay and E. G. V. Mugridge, Barium titanate ceramics for fine-movement control, J. Sci. Inst. **39** (1962) 636-637.

[2]　米澤正智，第2章「積層コンデンサ」，「電子セラミックスへの招待」，岡崎清編著，1986，森北出版.

[3]　矢野健，八鍬和夫，徐世傑，原田三郎，圧電素子変位拡大機構型アクチュエータ“メカノトランス”，超音波 TECHNO, **20** (2008) 79-84.

[4]　樋口俊郎，渡辺正浩，工藤謙一，圧電素子の急速変形を利用した超精密位置決め機構，精密工学会誌 **54** (1988) 2107.

[5]　藤島啓，「ピエゾセラミックス」，1993，裳華房，p. 108.

[6]　指田年生，超音波駆動モータの試作，応用物理 **51** (1982) 713.

[7]　吉田哲男，清水洋，超音波モータのカード送り装置への応用，トーキン技報 **16** (1990) 36-40.

[8]　阿部洋，吉田哲男，敦賀紀久夫，円柱型圧電セラミックを用いた小型圧電振動ジャイロ，トーキン技報 **19** (1993) 50-54.

[9]　J. Akedo, J. H. Park, and Y. Kawakami, Piezoelectric thick film fabricated with aerosol deposition and its application to piezoelectric devices, Jpn. J. Appl. Phys. **57** (2018) 07LA02.

[10]　Y. C. Fung, “Foundations of Solid Mechanics”, 1965, Prentice-Hall.

[11]　成田史生，村澤剛，森本卓也，「楽しく学ぶ材料力学」，2017，朝倉書店.

[12]　C. B. Sawyer, The use of Rochelle salt crystals for electrical reproducers and microphones, Proc. Inst. Radio Eng. **19** (1931) 2020-2029.

[13]　阿部善幸，田村光男，圧電式骨伝導スピーカの開発，NEC Tokin Technical Review **31** (2004) 56-63.

[14]　松井幸弘，積層型セラミックスピーカ，セラミックス **42** (2007) 396-398.

[15]　佐々木康弘，高橋尚武，大西康晴，世界最薄携帯電話向け超薄型圧電フィルムスピーカの開発実用化，セラミックス **48** (2013) 464-465.

7

第7章 圧電効果のデバイス応用

正圧電効果は，式(3.57)の第1式すなわち $D=dT$ で表され，「叩くと電荷を生じる」現象であり，主にセンサとして応用される．本章では，正圧電効果を利用したデバイスの応用と設計の基礎的事項について解説する．

7.1 正圧電効果による生成電圧

図 7.1 に示すように，直交座標系 O-x_1, x_2, x_3 において，荷重 F_1 を受ける長さ l，幅 w，厚さ h の圧電板を考え，荷重方向と分極方向(x_3 方向)が垂直であると仮定する．長さの値が幅，厚さの値に比べ十分大きい場合，一次元問題として扱うことができる(4.1.1 項参照)．図 3.6(a)のように，荷重によって生じる応力 $\sigma_{11}=T_1=F_1/wh$ と荷重に対して垂直方向に生じる電束密度 D_3 との関係を示す係数が $d_{311}=d_{31}$ であるので，この場合を 31 モードと呼ぶ．すなわち，圧電横効果である．

正圧電効果の関係は，式(3.58)の第5式より

$$D_3=d_{31}T_1 \tag{7.1}$$

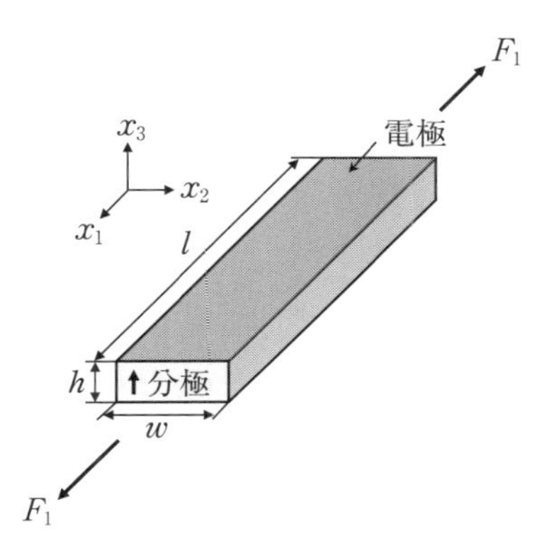

図 7.1 圧電ハーベスタの代表的な 31 モード

で与えられる．式(7.1)より，荷重 F_1 によって生じる電束密度は

$$\frac{Q}{lw} = d_{31}\frac{F_1}{wh} \tag{7.2}$$

であるから，電荷は

$$Q = d_{31}\left(\frac{l}{h}\right)F_1 \tag{7.3}$$

となる．

圧電体は誘電体であるので，静電容量を C(F) とすると，正圧電効果により生成する電荷と電圧 V には

$$Q = CV \tag{7.4}$$

の関係がある．したがって，生成電圧は，式(7.3)，(7.4)から

$$V = d_{31}\left(\frac{l}{h}\right)\frac{F_1}{C} \tag{7.5}$$

となる．

圧電体の厚さ方向の誘電率を $\epsilon_{33}^{\mathrm{T}}$ とすると，対向する電極に挟まれた圧電体の静電容量 C は

$$C = \epsilon_{33}^{\mathrm{T}}\frac{lw}{h} \tag{7.6}$$

で表されるので，式(7.6)を式(7.5)に代入して整理すると，電圧 V と荷重 F_1 の関係は

$$V = \frac{d_{31}}{\epsilon_{33}^{\mathrm{T}}}\frac{1}{w}F_1 \tag{7.7}$$

となる．

同様にして，圧電縦効果 d_{33}，圧電せん断効果 d_{15} の電荷 Q，電圧 V と荷重 F の関係を整理すると，**表 7.1** のようになる．

正圧電効果を利用する際，荷重 $\boldsymbol{F}$ を与える方法として

・バネで力を加える

・錘を取り付けて，加速度を加える

などが考えられ，用途によって構造を工夫する必要がある．

表 7.1　正圧電効果による出力電荷と電圧

	生成電荷 Q	生成電圧 V
圧電縦効果 d_{33}	$Q = d_{33} F_3$	$V = \dfrac{d_{33}}{\epsilon_{33}^{\mathrm{T}}} \dfrac{h}{lw} F_3$
圧電横効果 d_{31}	$Q = d_{31} \dfrac{l}{h} F_1$	$V = \dfrac{d_{31}}{\epsilon_{33}^{\mathrm{T}}} \dfrac{1}{w} F_1$
圧電せん断効果 d_{15}(長さすべり)	$Q = d_{15} \dfrac{l}{h} F_3$	$V = \dfrac{d_{15}}{\epsilon_{11}^{\mathrm{T}}} \dfrac{1}{w} F_3$
圧電せん断効果 d_{15}(厚さすべり)	$Q = d_{15} F_1$	$V = \dfrac{d_{15}}{\epsilon_{11}^{\mathrm{T}}} \dfrac{h}{lw} F_1$

〈例題 7.1〉

圧電セラミックスと錘を用いて，圧電縦効果 d_{33}，圧電横効果 d_{31}，圧電せん断効果 d_{15} のそれぞれのモードで，入力された力もしくは加速度を検知する構造を考えよ．また，それぞれの特徴について考察せよ．

〈解答〉

錘の質量を m とすると，圧電体に加速度 $a = F/m$ が作用することになる(**表 7.2**)．

(a)の圧電縦効果の場合，力が分極方向に加わる構造が考えられる．セラミックス

表 7.2　正圧電効果による力 F，加速度 a を検知するデバイスの構成例

(a)圧電縦効果 d_{33}	(b)圧電横効果 d_{31}	(c)圧電せん断効果 d_{15}
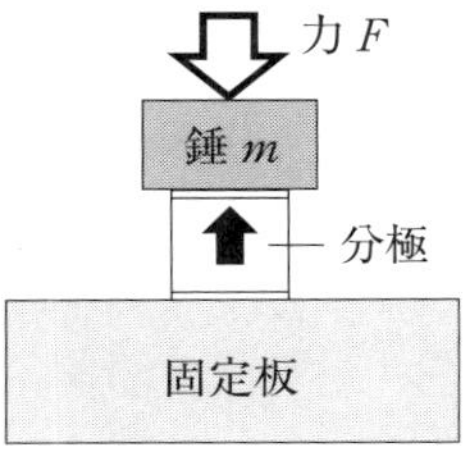 力 F 錘 m 分極 固定板	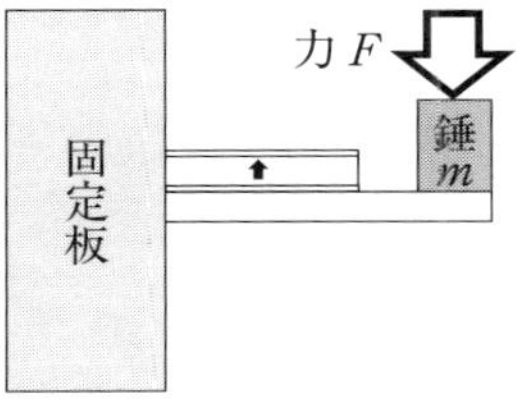 固定板 力 F 錘 m	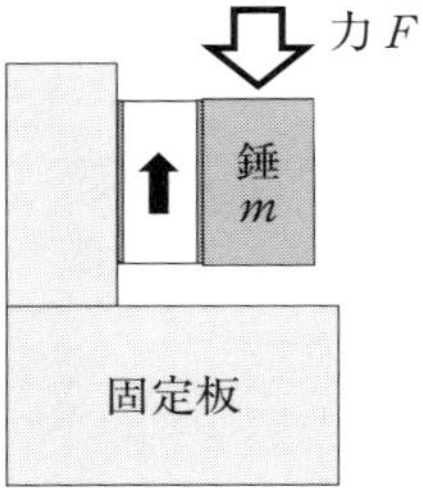 力 F 錘 m 固定板

は圧縮応力に強いので，大きな力を加えるときに有効である．

（b）の圧電横効果の場合，弾性基板に力を加えて圧電体に曲げ変形を誘起する構造が考えられる．

（c）の圧電せん断効果の場合は，分極方向に平行な面に分極方向の力が加わる構造が考えられ，分極方向と平行に電極が形成されているため，温度変化による分極の変化（焦電効果）の影響を受けにくく，熱ノイズに強い構造となる．

〈例題7.2〉

ガスコンロや電子ライターなどの着火装置には圧電セラミックスが使用されている．圧電セラミックスで発生させた高電圧による火花放電を用い，引火性ガスに着火させている．いま，断面形状が3×3 mmで長さ10 mmの圧電セラミックスを用いて着火させたい．大気の放電電圧10,000 V以上の電圧を発生させるために必要な荷重を求めよ．ただし，圧電材料の分極は長さ方向であり，圧電係数を$d_{33}=300$ pC/N，比誘電率を1,000，真空の誘電率を8.854×10^{-12} F/mとする．

〈解答〉

圧電縦効果を利用する．表7.1より，

$$F=\frac{\epsilon_{33}^{\mathrm{T}}}{d_{33}}\frac{lw}{h}V$$

となるので，

$$F=(1{,}000\times8.854/300)\times(3\times10^{-3}\times3\times10^{-3}/10\times10^{-3})\times10{,}000=265\ \mathrm{N}$$

荷重は265 Nであり，応力としては約30 MPaとなる．

【参考】　実際の衝撃力として質量1 gの錘を使用した場合，衝突速度vは，衝突時間Δtは約10 μsであるので，力積の関係から

$$F\Delta t=mv$$

したがって

$$v=F\cdot\Delta t/\mathrm{m}=2.65\ \mathrm{m/s}\fallingdotseq10\ \mathrm{km/h}$$

となり，1 gの錘を時速10 kmで衝突させ，火花放電させていることになる．

【コラム 7.1】 圧電トランス

例題 7.2 で，圧電セラミックスに機械的衝撃を加え高電圧を発生させて着火させる方法を紹介しました．圧電材料は叩くと電荷を発生しますが，その衝撃力を圧電体で加えるとどうなるのでしょうか？

C. Rosen は 1958 年に，そのような原理により圧電材料で電圧を変圧できる圧電トランスを発明しました．その発明から約 40 年後，ノートパソコンの液晶モニタに用いられたバックライト用インバーターとして圧電トランスは実用化されています[1]．圧電トランスは，圧電効果と弾性体の共振を利用した電圧変換素子です．電気エネルギー⇒機械エネルギー⇒電気エネルギーの変換を行い，入力部と出力部の電気的インピーダンスの違いを利用して昇圧あるいは降圧を行います．一般的な Rosen 型と呼ばれる圧電トランスの構造を下図に示します．

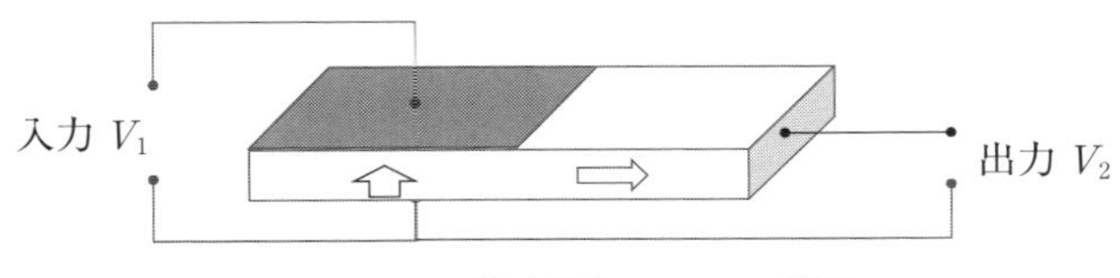

図　Rosen 型圧電トランスの構造

素子の入力側が厚さ方向に分極され，出力側が長さ方向に分極されている構造です．入力側の電極に固有振動数と同じ周波数で電圧を印加すると，圧電横効果により素子全体が共振振動します．圧電トランスの長さが一波長になるように定在波を励振すると，その機械的振動により出力側の長さ方向に分極されたところでは，圧電縦効果により電圧が出力されることになります．このとき入力側の電圧を V_1，出力側の電圧を V_2 とすると，変圧比 r_{v} は

$$r_{\mathrm{v}} = V_2/V_1$$

となります．圧電トランスの昇圧（変圧）比を求めてみましょう．

〈例題 7.3〉

トランスの形状を，長さ $2l$，厚さ h，幅 w とし，比誘電率を ε，真空の誘電率を ε_0 とする．次の問いに答えよ．

(1) 入力側の電極間(厚さ方向)の静電容量 C_1，出力側の電極間(長さ方向)の静電容量 C_2 をそれぞれ求めよ.

(2) 入力側の印加電圧を V_1，出力側の電圧を V_2 としたとき，入力した電気エネルギーがすべて出力側の電気的エネルギーに変換したとした場合の昇圧比 r を求めよ.

〈解答〉

(1) 式(7.6)を考慮すると，コンデンサの静電容量は，それぞれ

$$C_1 = \varepsilon_r \varepsilon_0 lw/h \quad ⓐ$$

$$C_2 = \varepsilon_r \varepsilon_0 \times hw/l \quad ⓑ$$

となる.

(2) 入力側の電気的エネルギー U_1

$$U_1 (1/2) \times C_1 \times (V_1)^2$$

出力側の電気的エネルギー U_2 は

$$U_2 = (1/2) \times C_2 \times (V_2)^2$$

入力側のエネルギーがすべて出力側のエネルギーとして変換された場合，

$U_1 = U_2$ となるから

$$C_1 \times (V_1)^2 = C_2 \times (V_2)^2$$

したがって，

$$(V_2/V_1)^2 = (C_1/C_2)$$

より昇圧比 r_v は

$$r_v = \sqrt{(C_1/C_2)}$$

となる．上式に式ⓐ，ⓑを代入すると

$$r_v = l/h$$

したがって，理想的な圧電トランスでは，昇圧比は入力側と出力側の静電容量の比，もしくは素子の半分長さ l と厚さ h の比となることがわかります．長さ 20 mm，厚さ 1 mm の場合，昇圧比は 10 倍となります(長さを $2l$ と定義しているため).

厳密な昇圧比は以下のように表され，電気的等価回路から求めることができます[2,3].

$$\frac{V_2}{V_1} \propto k_{31} k_{33} Q_m \frac{l}{h}$$

7.2　振動発電技術への応用

自然界に存在する未利用の力学的エネルギー(衝撃や振動)を収穫して電気エネルギー(電圧や電力)に変換する技術は，**環境発電**あるいは**エネルギーハーベスティング**(energy harvesting)と呼ばれ，注目を集めている．圧電材料は変形によって表面電荷を生成するので，正圧電効果を利用したセンサ以外の応用として，**振動発電**(vibration energy harvesting)デバイスがある．これをエネルギーハーベスタと呼んでいる．

半導体の微細加工の技術革新により，センサや無線通信の低消費電力化が進んでいる．消費電力 μW クラスでのセンシングや，1 mW 以下で無線送信が可能になっている．今後は，さらに低消費電力化が進み，モノの情報がネットワークに接続されるモノのインターネット(IoT)技術の進展がますます予想される．

このような電子機器の低省電力化により，今までは回収されずに放置されていた環境エネルギーを積極的にエネルギー源として活用できるようになる．**表 7.3** は光や熱，振動など環境に存在するエネルギーを比較したものである．

表 7.3 に示したように，人間の歩行などの活動を機械的エネルギーとしてとらえると，1 つの動作はそれ自体がエネルギー源として活用できる大きさである．そのような応用事例として，リモコンのスイッチを押す動作で発電し，そのエネルギーで情報を送信する電池フリーのリモコンスイッチがある．実際には，照明用のスイッチとし

表 7.3　環境のエネルギーの活用

エネルギー源	供給条件	活用可能なエネルギー(効率を考慮)		発電の条件
太陽光	1 kW/m^2	1,000,000	μW	面積：0.1 × 0.1 m^2
室内光	1,000 lux(lm/m^2)	10,000	μW	面積：0.1 × 0.1 m^2
熱	0.1 L×10 ℃ ×1 h	250	μW	面積：0.1 × 0.1 m^2
振動	1 N×0.01 m(バネ)	500	μW	1 Hz
人間の歩行	70 kg × 5 cm × 2歩/秒 = 70 W	7,000	μW	歩行

て使用され，スイッチのオン，オフを切り替える動作で約 170 μJ のエネルギーが発電される．また，他にも，太陽光が使用できない高速道路のトンネル内の風力を利用して，LED を光らせ道路の視線誘導灯として使用された実績がある．本節では，圧電材料を利用した振動発電技術について具体的な設計事例を紹介する．

7.2.1　発電エネルギー

正圧電効果により生じる電荷や電圧を発電エネルギーとして評価するには，圧電素子に抵抗値 R_L の**負荷抵抗**(load resistance)を並列に接続し，その状態で生成される電圧 V の時間変化を測定すればよい．その生成電圧 V の時間変化を $V(t)$ とすると，発電エネルギー U は

$$U = \int \frac{V(t)^2}{R_L} dt \tag{7.8}$$

で表される．正圧電効果による生成電圧は表 7.1 に示した通りで，その出力を得る構造は表 7.2 を参考にすればよい．

本項では，表 7.2(b)の片持ちはりの曲げ変形による振動発電技術について解説する．振動発電技術を利用した電池フリーのリモコンスイッチを例に，スイッチを押す人間の動作で発電するエネルギーを求めてみよう．

スイッチを力 F(たわみ w_0)で押し込む動作をしたとき，正圧電効果の関係は式(3.57)の第 2 式で与えられるので，電極面積 A のはりに生じる電荷は

$$Q = dTA \tag{7.9}$$

となる．この電荷により生じる電圧を V，圧電体の静電容量を C とすると，エネルギーは

$$U = \frac{1}{2} C V^2 \tag{7.10}$$

で与えられる．式(7.6)の静電容量 C を比誘電率 ϵ_r と自由空間の誘電率 ϵ_0 を用いて書けば

$$C = \epsilon_r \epsilon_0 \frac{lw}{h} \tag{7.11}$$

となるので，式(7.10)に式(7.7)，(7.11)を代入して整理すると，エネルギーは次式のようになる．

$$U = \frac{d^2}{2\epsilon_r \epsilon_0} T^2 (Ah) \tag{7.12}$$

正圧電効果による発電エネルギーを表す式(7.12)から，発電エネルギーは

(1)圧電体の物性値で決まる**性能指数**(figure of merit)d^2/ϵ_r

(2)作用する応力 T の 2 乗

(3)圧電体の有効体積(電極間の体積)

の積に比例する．

7.2.2　振動発電デバイスの曲げ応力

いま，スイッチを押す動作で発電するモデルとして，圧電層と振動板(弾性基板)から構成される表 7.2(b)に示すような片持ちはりを考える．はりの軸方向右向きに x 軸，鉛直方向下向きに z 軸を取る．また，固定端を原点とする．

片持ちはりの自由端に錘を取り付け，この先端に力を加えることで生じる曲げ変形で発電させる．実際には，たわませて弾くことにより生じる 1 回の自由減衰振動で発電するエネルギーを回収する．

式(7.12)の発電エネルギーを予測するためには，曲げ変形により圧電層に作用する応力 T_x を求める必要がある．片持ちはりの自由端に作用する集中荷重を F_0 とすると，曲げモーメントは例題 6.4 の解答で示した式ⓐで与えられる．はりの長さを l とすると，最大曲げモーメントは固定端の位置で $-F_0 l$ となる．

いま，図 6.10 に示したように，はり全体に平均の曲げモーメント $M = -F_0 l/2$ が作用している場合を考える．たわみを w_0 とおくと，たわみ曲線の微分方程式は，式(6.32)より

$$\frac{\mathrm{d}^2 w_0}{\mathrm{d}x^2} = -\frac{M}{E_{11}^{\mathrm{c}} I_z} \tag{7.13}$$

となる．M に平均曲げモーメントを用いれば，微分方程式

$$\frac{\mathrm{d}^2 w_0}{\mathrm{d}x^2} = \frac{F_0 l}{2E_{11}^{\mathrm{c}} I_z} \tag{7.14}$$

が得られる．ここで，式(6.10)より $-\mathrm{d}^2 w_0/\mathrm{d}x^2$ は曲率である．曲げ応力が 0 となるはりの中立面からの座標軸を z' とおくと，位置 z' における曲げひずみ S_x は式(6.37)より

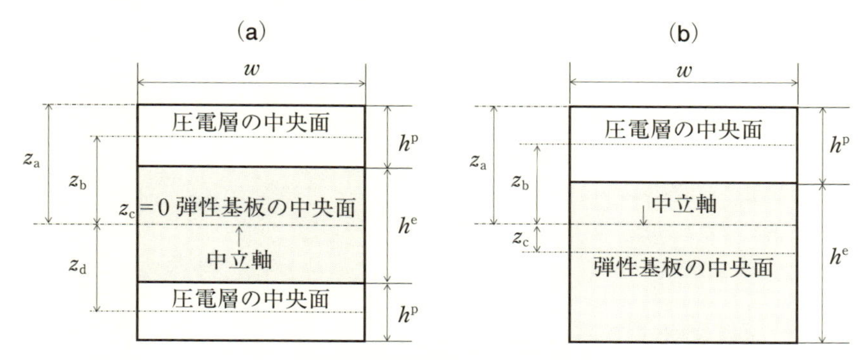

図 7.2　圧電積層はりの断面模式図
(a)圧電バイモルフの断面，(b)圧電ユニモルフの断面

$$S_x = -z' \frac{\mathrm{d}^2 w_0}{\mathrm{d}x^2} \tag{7.15}$$

で与えられる．いま，圧電バイモルフと圧電ユニモルフの断面を**図 7.2** に示す．中立軸と圧電層表面の距離を z_a，中立軸と圧電層の中央面との距離を z_b，中立軸と弾性基板の中央面との距離を z_c とする．また，圧電バイモルフの場合，中立軸と下側の圧電層の中央面との距離を z_d とする．

圧電層に作用する応力を圧電層の中央面で考え，$z' = -z_b$ とおくと，圧電層のひずみ S_x は

$$S_x = z_b \frac{\mathrm{d}^2 w_0}{\mathrm{d}x^2} \tag{7.16}$$

となる．したがって，圧電層に加わる応力，すなわち曲げ応力 T_x は，フックの法則 $T_x = E_{11}^{\mathrm{p}} S_x$ を考慮して

$$T_x = E_{11}^{\mathrm{p}} z_b \frac{\mathrm{d}^2 w_0}{\mathrm{d}x^2} \tag{7.17}$$

となる．たわみ曲線の微分方程式(7.14)より

$$T_x = E_{11}^{\mathrm{p}} z_b \frac{F_0 l}{2E_{11}^{\mathrm{c}} I_z} \tag{7.18}$$

が得られる．計算を簡単にするため，先端荷重 F を先端たわみ w_0 に置き換える．はりの最大たわみは

$$w_0 = \frac{F_0 l^3}{3E_{11}^{c} I_z} \tag{7.19}$$

と求められるので，この F_0 を式(7.18)に代入すると

$$T_x = \frac{3}{2} E_{11}^{p} z_b \frac{w_0}{l^2} \tag{7.20}$$

が得られる．中立軸からの距離 z_b は，図 7.2 に示したように，圧電層の最外表面から中立軸までの距離が z_a，圧電層の中心位置が $h^p/2$ であるから，

$$z_b = z_a - \frac{1}{2} h^p \tag{7.21}$$

で与えられる．したがって，圧電層に作用する応力は

$$T_x = \frac{3}{2} E_{11}^{p} \left(z_a - \frac{1}{2} h^p \right) \frac{w_0}{l^2} \tag{7.22}$$

となる．

弾性基板の上下面に圧電層を形成したバイモルフの構造では，中立軸は弾性基板の中立軸の位置と一致するから，

$$z_b = z_a + \frac{1}{2} h^e \tag{7.23}$$

の関係を式(7.22)に代入することで，応力

$$T_x = \frac{3}{4} E_{11}^{p} (h^p + h^e) \frac{w_0}{l^2} \tag{7.24}$$

が得られる．

圧電ユニモルフの場合，第 6 章の例題 6.3 で求めた 2 層圧電積層はりの圧電層の中央面から中立軸までの距離の関係を適用すると，式(7.21)は

$$\begin{aligned} z_b &= \frac{1}{2} \frac{E_{11}^{e} h^e (h^p + h^e)}{E_{11}^{p} h^p + E_{11}^{e} h^e} \\ &= \frac{1}{2} \frac{h^p + h^e}{1 + E_{11}^{p} h^p / E_{11}^{e} h^e} \end{aligned} \tag{7.25}$$

となり，これを式(7.22)に代入すれば，圧電層に作用する応力

$$T_x = \frac{3}{4} E_{11}^{p} \frac{h^p + h^e}{1 + E_{11}^{p} h^p / E_{11}^{e} h^e} \frac{w_0}{l^2} \tag{7.26}$$

が得られる．

自由端の集中荷重 F_0 をそのまま計算で使用する際には，圧電積層はりの荷重 F_0 とたわみ w_0 の関係式(7.19)を用いればよい．すなわち，積層はりの第 k 層の縦弾性係数を $(E_{11})_k$，厚さを h_k とすると，式(7.19)，(6.33)，(6.21)より

$$w_0 = \frac{F_0 l^3}{3\sum_{k=1}^{N}(E_{11})_k w(h_k \bar{z}_k^2 + h_k^3/12)} \tag{7.27}$$

が得られ，式(7.27)を用いて式(2.24)，(2.26)から w_0 を消去すればよい．

〈例題 7.4〉

図7.2で示した圧電バイモルフおよび圧電ユニモルフの曲げ剛性係数 wD_{11} を求めよ．

〈解答〉

圧電バイモルフおよび圧電ユニモルフの第 k 層の断面2次モーメント $(I_z)_k$ は

$$(I_z)_k = \frac{wh_k^3}{12}$$

中立軸から $\bar{z}_k$ だけ離れた第 k 層の断面2次モーメントは，面積を A_k とおけば，$A_k\bar{z}_k^2 + (I_z)_k$ と求まる．したがって，式(6.45)，(6.21)を考慮して，

$$\sum_{k=1}^{N}(E_{11})_k[A_k\bar{z}_k^2 + (I_z)_k] = \sum_{k=1}^{N}(E_{11})_k w\left(h_k\bar{z}_k^2 + \frac{h_k^3}{12}\right)$$

から wD_{11} を求める．

・圧電バイモルフの場合

$$wD_{11} = E_{11}^{\mathrm{p}}\left\{\frac{w(h^{\mathrm{p}})^3}{12} + z_{\mathrm{b}}^2 wh^{\mathrm{p}}\right\} + E_{11}^{\mathrm{e}}\left\{\frac{w(h^{\mathrm{e}})^3}{12} + z_{\mathrm{c}}^2 wh^{\mathrm{e}}\right\} + E_{11}^{\mathrm{p}}\left\{\frac{w(h^{\mathrm{p}})^3}{12} + z_{\mathrm{d}}^2 wh^{\mathrm{p}}\right\}$$

となる．圧電バイモルフは上下対称なので $z_{\mathrm{b}} = z_{\mathrm{d}}$，$z_{\mathrm{c}} = 0$ となり

$$wD_{11} = 2E_{11}^{\mathrm{p}}\left\{\frac{w(h^{\mathrm{p}})^3}{12} + {z_{\mathrm{b}}}^2 wh^{\mathrm{p}}\right\} + E_{11}^{\mathrm{e}}\left\{\frac{w(h^{\mathrm{e}})^3}{12}\right\}$$

ここで，$z_{\mathrm{b}} = (h^{\mathrm{p}} + h^{\mathrm{e}})/2$ であるから

$$\begin{aligned} wD_{11} &= 2E_{11}^{\mathrm{p}}\left\{\frac{w(h^{\mathrm{p}})^3}{12} + \frac{(h^{\mathrm{p}} + h^{\mathrm{e}})^2 wh^{\mathrm{p}}}{4}\right\} + E_{11}^{\mathrm{e}}\frac{w(h^{\mathrm{e}})^3}{12} \\ &= \frac{E_{11}^{\mathrm{p}}}{2}\left\{\frac{w(h^{\mathrm{p}})^3}{3} + (h^{\mathrm{p}} + h^{\mathrm{e}})^2 wh^{\mathrm{p}}\right\} + E_{11}^{\mathrm{e}}\frac{w(h^{\mathrm{e}})^3}{12} \end{aligned}$$

・圧電ユニモルフの場合

$$wD_{11} = E_{11}^{\mathrm{p}}\left\{\frac{w(h^{\mathrm{p}})^3}{12} + z_{\mathrm{b}}^2 w h^{\mathrm{p}}\right\} + E_{11}^{\mathrm{e}}\left\{\frac{w(h^{\mathrm{e}})^3}{12} + z_{\mathrm{c}}^2 w h^{\mathrm{e}}\right\}$$

ここで

$$z_{\mathrm{b}} = z_{\mathrm{a}} - \frac{1}{2}h^{\mathrm{p}}$$

$$z_{\mathrm{c}} = z_{\mathrm{a}} - h^{\mathrm{p}} - \frac{1}{2}h^{\mathrm{e}}$$

7.2.3　曲げ応力と生成電圧の関係

7.2.2 項では，圧電バイモルフと圧電ユニモルフの曲げ変形により圧電層に作用する曲げ応力 T_x を導出した．したがって，式(7.7)を曲げ応力 T_x を用いて書き表すと，圧電横効果で生成される電圧

$$V = \frac{d_{31}}{\epsilon_{33}^{\mathrm{T}}} h T_x \tag{7.28}$$

が得られる．上式の曲げ応力に，バイモルフの場合は式(7.24)を，ユニモルフの場合は式(7.26)を代入すればよい．実際に生成電圧を発生させるためには，図 6.11 に示したような分極の方向と電極の接続方法の組み合わせを考慮する必要がある．

生成電圧(7.28)を発電エネルギーとして利用するには，7.2.5 項で述べる**インピーダンスマッチング**(impedance matching)させた負荷抵抗を接続して生成電圧の時間変化から，電力とエネルギーを求めればよい．

7.2.4　曲げ変形による発電エネルギー

本項では，曲げ変形を利用した正圧電効果による発電エネルギーに関連する式を整理する．

(1)　発電エネルギーを増加させる 3 つの要因

圧電横効果を利用した発電エネルギー U は式(7.12)から

$$U = \frac{d_{31}^2}{2\epsilon_{33}^{\mathrm{T}}} \cdot T_x^2(lwh) \tag{7.29}$$

で与えられる．したがって，発電エネルギーを増加させるための 3 つの要因が読み取

れる(7.2.1項参照)．1つ目は材料物性である．圧電定数と誘電率を考慮して発電に適した材料を選択する必要がある．2つ目は応力である．圧電セラミックスの場合，曲げ変形による引張応力すなわち**最大曲げ応力**(maximum bending stress)で破壊しやすく，通常の**曲げ強度**(bending strength)(抗折強度)は約50 MPaである．また，弾性基板の弾性変形の限界も考慮する必要がある．3つ目は体積である．圧電層の有効体積が大きいほど発電エネルギーも大きくなる．

(2)　自由減衰振動による発電エネルギー

図7.3に示すような圧電バイモルフの片持ちはりに負荷抵抗 R_L を接続し，自由端に重さ10 gの錘を取り付けた．先端を10 mmたわませて1回弾いたところ，負荷抵抗の両端に**図7.4**に示すような減衰振動の電圧波形が出力された．インピーダンス

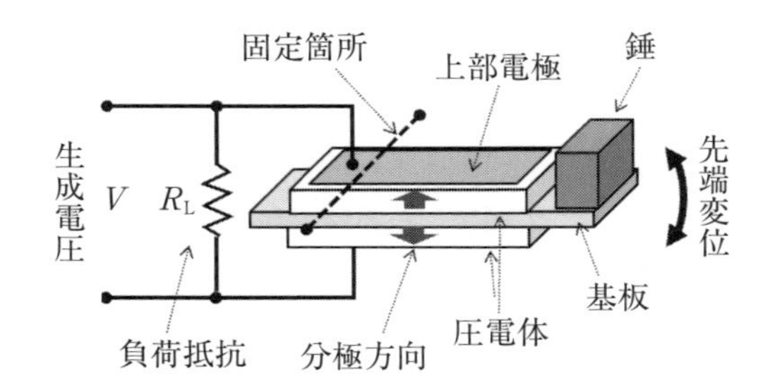

図7.3　圧電バイモルフの曲げ変形による振動発電特性の評価

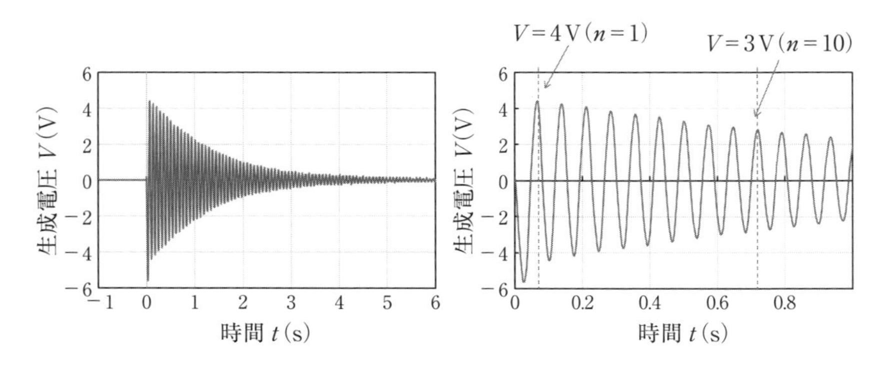

図7.4　圧電バイモルフの圧電効果による生成電圧の減衰波形

マッチングした負荷抵抗が 30 kΩ のとき，1 回弾いた場合の減衰振動による発電エネルギーを求めてみよう．

実際の実験・評価では，オシロスコープなどで測定した電圧波形のデータを表計算ソフトなどで解析し，発電エネルギーを容易に求めることができる．ここでは，測定した電圧波形から電卓機能程度の計算を行い，簡易的に発電エネルギーを求めてみる．

生成電圧 V は対数減衰していると仮定し，減衰の i 番目の電圧を V_i とする．減衰比の精度を上げるため，m 回の減衰で求めるとし，対数減衰比を

$$\varphi = \ln\frac{V_i}{V_{i+1}} = \frac{1}{m}\ln\frac{V_i}{V_{i+m-1}} \tag{7.30}$$

とする．負荷抵抗 R_{L} に出力された 1 周期の電圧波形を正弦波として近似すると，i 番目の周期の電圧波形は $V_i(t) = V_i \sin\omega t$ と書ける．減衰振動の 1 周期を正弦波として近似すると，1 周期分の実効的生成電圧は $\bar{V}_i = (1/\sqrt{2})\, V_i$ となる．したがって，1 回の減衰振動による発電エネルギー U は

$$U = \frac{1}{R_{\mathrm{L}}}\sum_{i=1}^{n} V_i(t)^2 \frac{1}{f} \tag{7.31}$$

で表される．ここで，n は振動の繰り返し回数である．

〈例題 7.5〉

減衰振動試験を行った際に，図 7.4 の波形が得られた．このとき，次の問いに答えよ．ただし，初回の生成電圧を $V_1 = 4$ V，10 回目を $V_{10} = 3$ V とする．

(1) 正圧電効果による電圧波形の対数減衰比 φ を求めよ．

(2) 減衰振動の周期 $1/f$ を求めよ．

(3) 1 回弾いた際の生成電圧が，図 7.4 に示すような減衰振動を示すとき，発電エネルギーを求めよ．

〈解答〉

(1) 対数減衰比は $i = 1$ のときの電圧 $V_1 = 4$ V，$i = 10$ のときの電圧 $V_{10} = 3$ V，$m = 10$ であるから，式(7.30)に代入すると

$$\varphi \fallingdotseq 0.0287$$

(2) 図 7.4 より周波数は 14 Hz である．周期は，周波数の逆数であるので，約 0.07 s.

(3) 減衰振動の1周期を正弦波として近似すると，実効的生成電圧は $\bar{V}_i = (1/\sqrt{2})\,V_i$ となるので，1周期における発電エネルギーは

$$U = \frac{\bar{V}_i^{\,2}}{R_{\mathrm{L}}}\frac{1}{f}$$

となる．n 回の振動による発電エネルギーは

$$U = \sum_{i=1}^{n}\frac{\bar{V}_i^{\,2}}{R_{\mathrm{L}}}\frac{1}{f}$$

$$= \frac{1/f}{R_{\mathrm{L}}}\sum_{i=1}^{n}\bar{V}_i^{\,2}$$

となる．対数減衰比が φ のとき

$$\frac{V_{i+1}}{V_i} = e^{-\varphi}$$

であるから

$$\left(\frac{V_{i+1}}{V_i}\right)^2 = e^{-2\varphi}$$

となり，$(V_i)^2$ は公比 r が $e^{-2\varphi}$ の等比数列の関係となる．

(1) で求めた対数減衰比 φ を代入すると，公比は

$$r = 0.944$$

となる．

等比数列の和の公式を使用すると

$$U = \frac{1/f}{R_{\mathrm{L}}}\cdot\sum_{i=1}^{n}\bar{V}_i^{\,2}$$

$$= \frac{1/f}{R_{\mathrm{L}}}\cdot\frac{\bar{V}_1^2(1-r^n)}{1-r}$$

が得られる．$n\to\infty$ とすると，$r<1$ であるから $r^n \approx 0$ となり

$$U = \frac{1/f}{R_{\mathrm{L}}}\frac{\bar{V}_1^2}{1-r}$$

$V_1 = 4$ V であるので，$\bar{V}_1^2 = 8$ V で，上式に，$1/f, R_{\mathrm{L}}, V_1, r$ を代入すると

$$U = \frac{0.07}{30{,}000}\frac{8}{1-0.944} = 334\ \mu\mathrm{J}$$

圧電バイモルフの先端をたわませて1回弾くことによる減衰振動で，約 300 μJ のエネルギーが発電されることになる．市販されている振動発電によるリモコンスイッチは約 170 μJ のエネルギーが必要とされており，実際の製品では，押し込み力や，力を負荷する構造，振動周期，圧電体の固定方法，コスト，信頼性などを考慮して設計が行われる．

【補足①】 減衰振動の Q_{m} とダンピングファクタ

対数減衰比 φ から，減衰比（ダンピングファクタ ζ）と共振の鋭さ Q_{m} を求めることができる．

$$\zeta=\frac{\varphi}{2\pi}$$

と ζ が <0.05 のとき，共振の鋭さ Q_{m} は

$$Q_{\mathrm{m}}=1/(2\zeta)=\pi/\varphi$$

となる．例題の減衰振動の Q_{m} は約 110 となる．

【補足②】 発電効率の求め方

$\omega=2\pi f=\sqrt{k/m}$ の関係式より，バネ定数 k を求めることができるので，1回の振動ごとに，入力のバネの弾性エネルギーと圧電効果による発電エネルギーからエネルギーの変換効率を求めることができる．

7.2.5 インピーダンスマッチング

いま，**図 7.5** に示すような外部負荷抵抗 R_{L} をもつ圧電エネルギーハーベスタを考え，x_3 軸に垂直な面に置かれていると仮定する．圧電体は，静電容量 C^{p} と内部抵抗 R^{p} が並列に接続された等価電流源としてモデル化し，一次元問題として扱う．

短絡状態（$E_3=0$）で，圧電体に応力振幅 σ_0 の垂直応力 $\sigma_{33}=\sigma_0 e^{\mathrm{j}\omega t}$ が作用する場合，式(3.88)から電束密度 $D_3=d_{33}\sigma_0 e^{\mathrm{j}\omega t}$ が発生する．この電束密度を式(3.81)に代入して電荷を求め，式(3.82)を利用すると，電流は次のように求められる．

$$I=I_{\mathrm{C\,in}}+I_{\mathrm{R\,in}}+I_{\mathrm{out}}=\frac{\partial D_z}{\partial t}=\mathrm{j}\omega d_{33}\sigma_0 lwe^{\mathrm{j}\omega t} \tag{7.32}$$

ここで，$I_{\mathrm{C\,in}}$ および $I_{\mathrm{R\,in}}$ はそれぞれ静電容量と内部抵抗を流れる電流であり，I_{out} は出力電流である．内部抵抗と外部抵抗の電圧は等しいので，

$$R^{\mathrm{p}}I_{\mathrm{R\,in}}=R_{\mathrm{L}}I_{\mathrm{out}} \tag{7.33}$$

が成立する．式(7.32)，(7.33)および $R^{\mathrm{p}}=1/\mathrm{j}\omega C^{\mathrm{p}}$ から

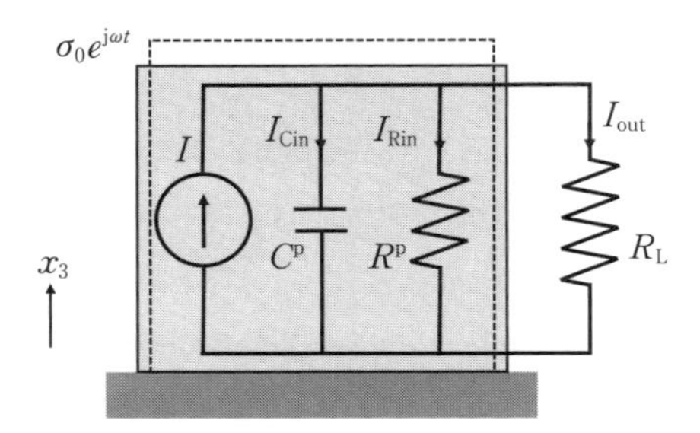

図 7.5　内部・外部抵抗を持った圧電ハーベスタのモデル

$$I_{out}(1+j\omega C^p R_L)=j\omega d_{33}\sigma_0 e^{j\omega t} \tag{7.34}$$

が得られる．したがって，生成電力は

$$|P|=\frac{1}{2}|R_L I_{out}^2|=\frac{1}{2}R_L\frac{(\omega d_{33}\sigma_0)^2}{1+(\omega C^p R_L)^2} \tag{7.35}$$

となる．式(7.35)から，分母が2すなわち $R_L=1/\omega C^p$ のとき，最大出力

$$|P|=\frac{1}{4}\frac{\omega d_{33}^2\sigma_0^2}{C^p} \tag{7.36}$$

が得られる．負荷インピーダンスが内部インピーダンスと完全に一致するとき，出力電力を最大にすることができる．これをインピーダンスマッチングと呼んでいる．

【コラム 7.2】 エネルギーハーベスタの応用

圧電式振動発電技術を用いたデバイスは，2000 年頃，電池フリーでボタンを押せば LED が光るキーホルダー(ピエゾフラッシュ)として，(株)トーキンで社内向けに販売されています．

2003 年には，太陽電池の使用が困難な高速道路のトンネル内で，図(a)のように風力を利用して風車を回転させ，鋼球を圧電素子に衝突させて LED を発光させる視線誘導灯図(b)が開発されています[4]．

2009 年には，磁石を取り付けた風車を回転させ，圧電バイモルフの先端に付けた磁石との斥力により振動を励起し，発生したエネルギーをキャパシタに充電して発光させる方式(図(c))になりました[5]．

2012 年頃には，振動発電技術を利用した照明用のリモコンスイッチがヨーロッパで製品化されています．

その後，振動発電技術は，センサや無線通信技術の低消費電力化に伴い，IoT(Internet of Things)デバイス用の電源として期待される環境発電技術の 1 つとして検討されています．また，今までは建物などの不要な振動は制振技術や免振技術で吸収して対応していましたが[6]，今後はエネルギー源として考えることができるかもしれません．

2003 年　　　　2009 年

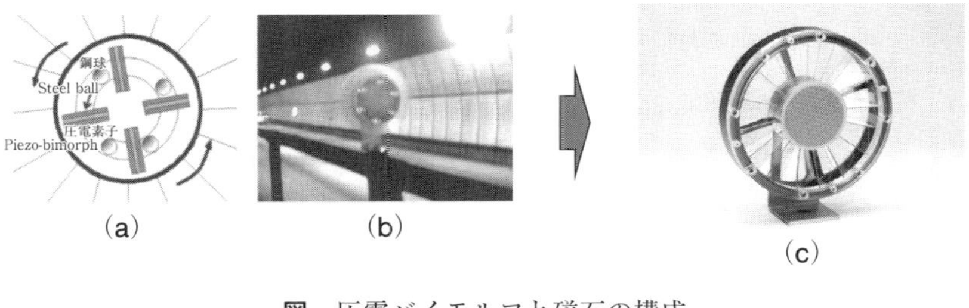

鋼球
Steel ball
圧電素子
Piezo-bimorph

(a)　(b)　(c)

図 圧電バイモルフと磁石の構成

【参考資料】 金子誠，只野隆一，田村光男[4]，佐藤正一[5]，鈴木浩志[6]より．

【コラム 7.3】 フレキシブルな圧電厚膜

SUS 基板上に AD 法で形成した圧電厚膜を使用すると，図 1(左)のようなフレキシブルな圧電デバイスを作製することができます．例えば図 1(右)に示すように，脈拍計測が可能なことが確認されています[7]．また，振動発電デバイスとしても市販の無電源リモコンスイッチ(1 回スイッチを押す動作で 170 μJ)と同レベルの発電エネルギーが確認されています[8]．さらに，通常のセラミックスの抗折強度以上の応力を加えても壊れにくいという特徴があります．

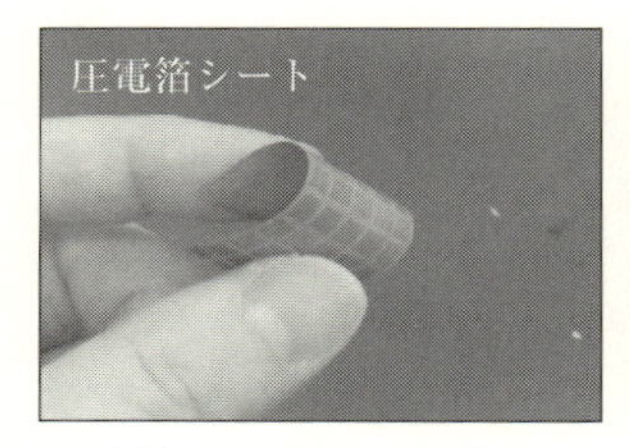

厚さ 20 μm の SUS 箔に
形成した圧電厚膜

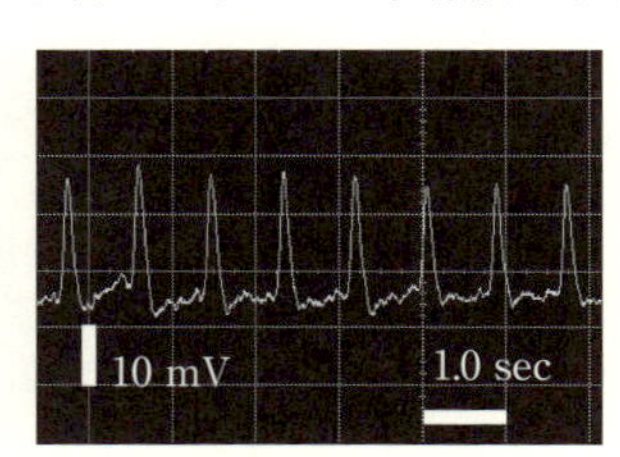

手首の橈骨動脈で計測した
脈波波形

図 1　圧電厚膜によるフレキシブルセンサによる脈波計測

焦電セラミックスは図 2(左)に示すように，圧電現象と同様に分極を利用した人感センサとして使用されています．この焦電セラミックスを 4×4 のアレイ状に形成した厚膜は赤外線センサとして熱源移動のセンシングが可能であることが確認されています[7]．

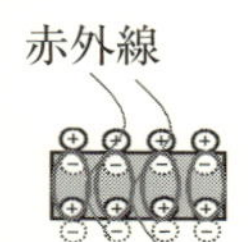

【焦電効果】
温度変化 ΔT で分極 P
の大きさが変化
(p：焦電係数)

$$P = p\Delta T$$

$(\mathrm{C/m^2})\,(\mathrm{C/(m^2K)})\,(\mathrm{K})$

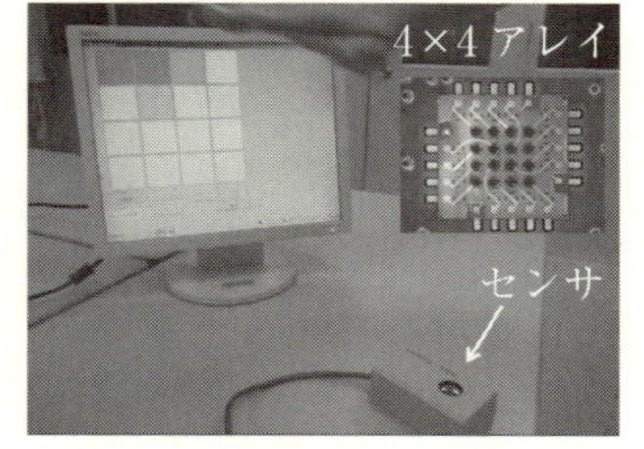

非接触でジェスチャーを検知可能な
アレイ型センサ

図 2　焦電厚膜による 4×4アレイ型センサ

【参考資料】　J. Akedo, J. H. Park, Y. Kawakami[7]より．

【参考文献】

[1] 熊坂克典，小野裕司，勝野超史，布田良明，吉田哲男，低電圧駆動に適した積層一体焼結型圧電トランス，トーキン技報 **22**(1995)67-74.

[2] 電子情報通信学会，「知識ベース」，9群8編3章，弾性波デバイス，2019，pp. 12-14.

[3] 内野研二著，石井孝明訳，「強誘電体デバイス」，2005，森北出版，pp. 165-168.

[4] 金子誠，只野隆一，田村光男，圧電発光型視線誘導標の開発，トーキン技報 **30**(2003)35-41.

[5] 佐藤正一，圧電デバイス製品紹介とその研究開発，トーキン技報 **36**(2009)39.

[6] 鈴木浩志，「振動を制する：ダンピングの技術」，1997，オーム社.

[7] J. Akedo, J. H. Park, and Y. Kawakami, : Piezoelectric thick film fabricated with aerosol deposition and its application to piezoelectric devices, Jpn. J. Appl. Phys. **57** (2018) 07LA02.

[8] 川上祥広，「$BaTiO_3$圧電厚膜への印加応力増加による振動発電エネルギーの向上」，第38回「センサ・マイクロマシンと応用システム」シンポジウム論文集，速報(2021)10P3-SSL-85.

索　引

著者略歴

成田　史生（なりた　ふみお）
1969 年　青森県生まれ
1998 年　東北大学 大学院工学研究科 材料加工プロセス学専攻 博士課程修了
1998 年　株式会社トーキン
1999 年　東北大学 助手
現　在　東北大学 教授（大学院環境科学研究科）
　　　　博士（工学）
専　門　複合材料設計学
著　書　楽しく学ぶ材料力学（朝倉書店）（共著）
　　　　楽しく学ぶ破壊力学（朝倉書店）（共著）
　　　　Piezoelectric Materials, Composites, and Devices
　　　　Fundamentals, Mechanics, and Applications（Elsevier）

川上　祥広（かわかみ　よしひろ）
1971 年　秋田県生まれ
1993 年　東北大学 工学部金属工学科 卒業
1993 年　株式会社トーキン
2003～2007 年「ナノレベル電子セラミックス低温成形・集積化技術」（NEDO）のプロジェクト研究員として産業技術総合研究所へ派遣
2017 年　東北大学 大学院工学研究科 知能デバイス材料学専攻 博士課程修了
　　　　博士（工学）
2019 年　公益財団法人 電磁材料研究所
現在に至る
専　門　圧電セラミック材料，厚膜工学
著　書　エアロゾルデポジション法の基礎から応用まで（シーエムシー出版）（分担執筆）
　　　　エアロゾルデポジション法の新展開（シーエムシー出版）（分担執筆）

2024 年 12 月 31 日　第 1 版発行

検印省略

圧電材料の基礎と応用
原理・構造・デバイス

著　者　成田史生
　　　　川上祥広
発行者　内田　学
印刷者　山岡影光

発行所　株式会社 **内田老鶴圃**　〒112-0012 東京都文京区大塚 3 丁目34番 3 号
電話（03）3945-6781（代）・FAX（03）3945-6782
http://www.rokakuho.co.jp/　　印刷・製本/三美印刷 K. K.

Published by UCHIDA ROKAKUHO PUBLISHING CO., LTD.
3-34-3 Otsuka, Bunkyo-ku, Tokyo, Japan

U. R. No. 686-1

ISBN 978-4-7536-5052-1 C3042